造价员岗前实战丛书

# 算量就这么简单
## ——剪力墙实例图纸

▪ 阎俊爱 张向荣 主编

化学工业出版社

·北京·

本书是1号住宅楼剪力墙设计图纸，配合《算量就这么简单——剪力墙实例手工算量（练习版）》《算量就这么简单——剪力墙实例手工算量（答案版）》《算量就这么简单——剪力墙实例软件算量》使用。

本书可作为建设工程相关专业实训用书，也可作为岗位培训教材或工程造价相关人员的学习用图。

**图书在版编目（CIP）数据**

算量就这么简单——剪力墙实例图纸／阎俊爱，张向荣主编．
北京：化学工业出版社，2013.9（2018.9重印）
（造价员岗前实战丛书）
ISBN 978-7-122-18130-5

Ⅰ.①算…　Ⅱ.①阎…②张…　Ⅲ.①剪力墙结构-设计-图纸
Ⅳ.①TU398

中国版本图书馆CIP数据核字（2013）第178425号

责任编辑：吕佳丽　　　　　　　　　　　　装帧设计：韩　飞
责任校对：宋　夏

出版发行：化学工业出版社（北京市东城区青年湖南街13号　邮政编码100011）
印　　装：三河市延风印装有限公司
787mm×1092mm　1/8　印张4　字数102千字　2018年9月北京第1版第5次印刷

购书咨询：010-64518888（传真：010-64519686）　售后服务：010-64518899
网　　址：http://www.cip.com.cn
凡购买本书，如有缺损质量问题，本社销售中心负责调换。

定　　价：18.00元　　　　　　　　　　　　　　　版权所有　违者必究

# 本书编写人员名单

主　　编　阎俊爱　张向荣

参　　编　毛洪宾　张西平　张晓丽　李文雁　李　伟

　　　　　李　罡　孟晓波　范恩海　龚小兰　雷　颖

# 丛书说明

最新国家标准《建设工程工程量清单计价规范》（GB 50500—2013）和九个专业的工程量计算规范的全面强制推行，引起了全国建设工程领域内的政府建设行政主管部门、建设单位、施工单位及工程造价咨询机构的强烈关注，新规范相对于旧规范《建设工程工程量清单计价规范》（GB 50500—2008）而言，把计量和计价两部分进行分设，思路更加清晰、顺畅，对工程量清单的编制、招标控制价、投标报价、合同价款约定、合同价款调整、工程计量及合同价款的期中支付都有着明确详细的规定。这体现了全过程管理的思想，同时也体现出2013版《清单计价规范》由过去注重结算向注重前期管理的方向转变，更重视过程管理，更便于工程实践中实际问题的解决。

另外，我们在长期的教学实践中发现，尽管目前有很多工程造价方面的图书出版，但对于培养应用型本科人才却没有合适的教材可供选择。

基于上述背景，调整工程造价课程体系和教材内容已经刻不容缓。为了及时将国家标准规定的最新《建设工程工程量清单计价规范》（GB 50500—2013）和《房屋建筑与装饰工程工程量计算规范》（GB 50854—2013）融入到教材中，保持教材的先进性，作者根据《教育部关于进一步深化本科教学改革全面提高教学质量的若干意见》中的指导意见，以培养学生的实践动手能力为出发点，结合作者多年从事工程造价的教学经验和最新工作实践，编写了本套图书，旨在满足新形势下我国对相关专业人才培养的迫切要求。

本套图书包括五本：

1.《算量就这么简单——清单定额答疑解惑》

2.《算量就这么简单——剪力墙实例图纸》

3.《算量就这么简单——剪力墙实例手工算量(答案版)》

4.《算量就这么简单——剪力墙实例手工算量(练习版)》

5.《算量就这么简单——剪力墙实例软件算量》

本套图书具有以下几个显著特点：

（1）本套图书融入了最新国家标准《建设工程工程量清单计价规范》（GB 50500—2013）和《房屋建筑与装饰工程工程量计算规范》（GB 50854—2013）的内容，最新清单计价规范和计算规则自2013年7月1日实施，至此，2008版清单作废。以2008清单为主编制的教材已经不再适用。

（2）本套图书的工程量计算以全国统一的《房屋建筑与装饰工程工程量计算规范》（GB 50854—2013）为主，同时把不同地区的定额规则加以归类，这样克服了以往图书的通用性较差的问题。

（3）本套图书操作性及应用性较强，简明实用，以培养学生的实践动手能力为出发点，适用于应用型本科及相关专业的教学。

（4）《算量就这么简单——清单定额答疑解惑》突出了以问题为导向的思想，在讲一个理论前，先把问题提出来，让学生思考、讨论，然后老师再做解答。学生通过思考将会对内容有很深的印象，而且也能调动学生学习的主动性和积极性，变被动学习为主动学习，让课堂教学由以教师为主转变为以学生为主。

（5）本套书的其他四本是与理论相配套的一个完整工程的手工算量、软件算量和图纸，而且手工算量分为答案版和练习版，让学生自己动手做，更注重培养学生的实际动手能力。软件算量有操作指南和标准答案，学生通过软件操作提高软件应用能力，而且还可以将手工算量结果与软件算量结果作对比，发现二者的不一致，分析原因，解决问题，从而培养学生发现问题、分析问题和解决问题的能力。

本套图书由阎俊爱教授担任主编，张素姣、张向荣担任副主编。其中理论部分：《算量就这么简单——清单定额答疑解惑》由阎俊爱、张素姣负责编写，其他四本《算量就这么简单——剪力墙实例图纸》、《算量就这么简单——剪力墙实例手工算量(答案版)》、《算量就这么简单——剪力墙实例手工算量(练习版)》和《算量就这么简单——剪力墙实例软件算量》由从事多年工程造价工作，具有丰富工程造价实践经验的张向荣负责编写。

由于编者水平有限，尽管尽心尽力，但难免有不当之处，敬请有关专家和读者提出宝贵意见，以不断充实、提高、完善。

编　者
2013年7月

# 工程设计图纸目录

| 工程名称 | 1号住宅楼 | 工程编号 | | 工程造价 | | 万元 |
|---|---|---|---|---|---|---|
| 项目名称 | 剪力墙培训教材 | 建筑面积 | | 出图日期 | | 年 月 日 |

## 1号办公楼

| 序号 | 图号 | 图名 | 图纸型号 | 序号 | 图号 | 图名 | 图纸型号 |
|---|---|---|---|---|---|---|---|
| 1 | | 工程设计图纸目录 | | 15 | 结施-01 | 结构设计总说明 | |
| 2 | 建施-01 | 建筑设计总说明 | | 16 | 结施-02 | 基础结构平面图 | |
| 3 | 建施-02 | 工程做法明细 | | 17 | 结施-03 | 地下一层墙体结构平面图 | |
| 4 | 建施-03 | 地下一层平面图 | | 18 | 结施-04 | 首层~五层墙体结构平面图 | |
| 5 | 建施-04 | 首层平面图 | | 19 | 结施-05 | 暗柱详图 | |
| 6 | 建施-05 | 二层平面图 | | 20 | 结施-06 | 地下一层连梁配筋平面图 | |
| 7 | 建施-06 | 三~四层平面图 | | 21 | 结施-07 | 首层~四层连梁配筋平面图 | |
| 8 | 建施-07 | 五层平面图 | | 22 | 结施-08 | 五层连梁配筋平面图 | |
| 9 | 建施-08 | 屋顶平面图 | | 23 | 结施-09 | 地下一层顶板配筋平面图 | |
| 10 | 建施-09 | 南立面图 | | 24 | 结施-10 | 首层~四层顶板配筋平面图 | |
| 11 | 建施-10 | 北立面图 | | 25 | 结施-11 | 五层顶板配筋平面图 | |
| 12 | 建施-11 | 东、西立面图 | | 26 | 结施-12 | 楼梯结构详图 | |
| 13 | 建施-12 | 1—1剖面图 | | | | | |
| 14 | 建施-13 | 楼梯建筑详图 | | | | | |

# 建筑设计总说明

## 一、工程概况

1. 本工程为"1号住宅楼",就是某设计院设计的实际工程,在此作为培训教材。

2. 本建筑物地下1层,地上5层,总建筑面积为1679.58m²。

## 二、节能设计

1. 本建筑物的体形系数＜0.3。

2. 本建筑物外墙砌体结构为200厚钢筋混凝土墙,外墙外侧均做35厚聚苯颗粒,外墙外保温做法,传热系数＜0.6。

3. 本建筑物外塑钢门窗均为单层框中空玻璃,传热系数3.0。

4. 本建筑物屋面外侧均采用40厚现喷硬质发泡聚氨酯保温层。

## 三、防水设计

1. 本建筑物屋面工程防水等级为二级,平屋面采用3厚高聚物改性沥青防水卷材防水层,屋面雨水采用$\phi$100PVC管排水。

2. 楼地面防水:在凡需要楼地面防水的房间,均做水溶性涂膜防水三道,共2厚。房间在做完闭水试验后再进行下道工序施工。凡管道穿楼板处均预埋防水套管。

## 四、墙体设计

1. 外墙:均为200厚钢筋混凝土墙及35厚聚苯颗粒保温复合墙体。

2. 内墙:均为200厚钢筋混凝土墙、100厚条板墙。

3. 墙体砂浆:煤渣砌块墙体使用专用M5砂浆砌筑。

4. 墙体护角:在室内所有门窗洞口和墙体转角的凸阳角,用1:2水泥砂浆做1.8m高护角,两边各伸出80。

## 五、其他

1. 防腐、除锈:所有预埋铁件在预埋前均应做除锈处理;所有预埋木砖在预埋前,均应先用沥青油做防腐处理。

2. 所有管井在管道安装完毕后按结构要求封堵,管井做粗略装修,1:3水泥砂浆找平地面,墙面和顶棚不做处理。检修门留100高门槛。

3. 所有门窗除特别注明外,门窗的立框位置居墙中线。

4. 凡室内有地漏的房间,除特别注明外,其地面应自门口或墙边向地漏方向做0.5%的坡。

5. 本工程图示尺寸以毫米(mm)为单位,标高以米(m)为单位。

## 门窗表

| 类型 | 设计编号 | 洞口尺寸(宽X高) | 地下一层 | 首层 | 二层 | 三层 | 四层 | 五层 | 总计 |
|------|---------|----------------|---------|------|------|------|------|------|------|
| 防盗门 | M0921 | 900×2100 | | 4 | 4 | 4 | 4 | 4 | 20 |
| 单元对讲门 | M1221 | 1200×2100 | 2 | | | | | | 2 |
| 塑钢窗 | C2506 | 2500×600 | 8 | | | | | | 8 |
| | C1206 | 1200×600 | 4 | | | | | | 4 |
| | C1215 | 1200×1500 | 4 | 4 | 4 | 4 | 4 | 4 | 24 |
| | PC-1 | 见平面 | | 4 | 4 | 4 | 4 | 4 | 20 |
| | YTC1(首层~四层) | (4300+1500×2)×1780 | | 4 | 4 | 4 | 4 | | 16 |
| | YTC1(五层) | (4300+1500×2)×1880 | | | | | | 4 | 4 |
| 胶合板门 | M0921 | 900×2100 | 12 | 8 | 8 | 8 | 8 | 8 | 52 |
| | M0821 | 800×2100 | 4 | 4 | 4 | 4 | 4 | 4 | 24 |
| | M1523 | 1500×2300 | 4 | 4 | 4 | 4 | 4 | 4 | 24 |
| 铝合金门 | TLM2521 | 2500×2100 | | 4 | 4 | 4 | 4 | 4 | 20 |

## 内装修表

| 层数 | 房间名称 | 楼地面 | 踢脚 | 内墙面 | 顶棚 | 备注 | 窗台板 |
|------|---------|--------|------|--------|------|------|--------|
| 地下一层 | 楼梯间、储藏间 | 地 | 踢1 | 内墙1 | 棚 | | 仅卧室的飘窗有,尺寸为2500×650,材质为大理石板 |
| 首层~五层 | 楼梯间 | 楼1 | 踢2 | 内墙1 | 棚 | | |
| | 卫生间 | 楼2 | | 内墙2 | 吊顶 | 高度2500 | |
| | 厨房 | 楼3 | | 内墙3 | 吊顶 | 高度2500 | |
| | 住宅户内其余房间 | 楼4 | 踢2 | 内墙1 | 棚 | | |
| | 客厅 | 楼5 | 踢3 | 内墙1 | 棚 | | |

| 设计 | 张向荣 | 工程名称 | **1号住宅楼** | 日期 | 2011.3 |
|------|--------|---------|--------------|------|--------|
| QQ | 800014859 | 图名 | **建筑设计总说明** | 图号 | 建施-01 |

# 工程做法明细

## 一、室外装修设计

### 1. 外墙：喷（刷）涂料墙面（用于除雨篷栏板之外的所有外墙）
① 喷（刷）涂料墙面
② 刮涂柔性耐水腻子（刮涂柔性耐水腻子+底漆刮涂光面腻子）。
③ 5～7厚聚合物抗裂砂浆（敷设热镀锌电焊网一层）。
④ 50厚聚苯颗粒保温。

### 2. 屋面：不上人平屋面
① 防水层：SBS改性沥青防水层(3+3)，上翻250。
② 刷基层处理剂一遍。
③ 找平层：20厚1:3水泥砂浆找平。
④ 找坡：1:8水泥珍珠岩找2%坡，最薄处30厚。
⑤ 保温层：50厚聚苯乙烯泡沫塑料板。
⑥ 20厚1:3水泥砂浆找平。
⑦ 结构层：钢筋混凝土楼板，表面清扫干净。

## 二、室内装修设计

### 1. 地面：水泥地面
① 20厚1:3水泥砂浆压实、赶光。
② 100厚C10混凝土。
③ 厚素土夯实。

### 2. 楼面
#### （1）楼1：防滑地砖（楼梯）
① 5～10厚地砖楼面。
② 6厚建筑胶黏贴。
③ 钢筋混凝土楼板。

#### （2）楼2：防滑地砖防水楼面（400×400）
① 5～10厚防滑地砖，稀水泥浆擦缝。
② 撒素水泥面（洒适量清水）。
③ 20厚1:3干硬性水泥砂浆黏结层。
④ 1.5厚聚氨酯涂膜防水层。
⑤ 20厚1:3水泥砂浆找平层。
⑥ 素水泥浆一道。
⑦ 最薄处30厚C15细石混凝土。从门口向地漏找1%坡。
⑧ 现浇混凝土楼板。

#### （3）楼3：地砖楼面（400×400）
① 5～10厚地砖楼面。
② 20厚干硬性水泥砂浆黏结层。
③ 40厚陶粒混凝土垫层。
④ 钢筋混凝土楼板。

#### （4）楼4：地砖楼面（800×800）
① 5～10厚地砖楼面。
② 20厚干硬性水泥砂浆黏结层。
③ 40厚陶粒混凝土垫层。
④ 钢筋混凝土楼板。

#### （5）楼5：花岗岩楼面
① 20厚花岗石板，稀水泥擦缝。
② 撒素水泥面（洒适量清水）。
③ 20厚1:3干硬性水泥砂浆黏结层。
④ 40厚陶粒混凝土垫层。
⑤ 钢筋混凝土楼板。

### 3. 踢脚
#### （1）踢1：水泥踢脚（高度100）
① 20厚1:2.5水泥砂浆罩面压实、赶光。
② 素水泥浆一道。
③ 8厚1:3水泥砂浆打底扫毛或划出纹道。
④ 素水泥浆一道甩毛（内掺建筑胶）。

#### （2）踢2：地砖踢脚（高度100）
① 5～10厚铺地砖踢脚，稀水泥浆擦缝。
② 10厚1:2水泥砂浆黏结层。
③ 素水泥浆一道甩毛（内掺建筑胶）。

#### （3）踢3：花岗岩踢脚（高度100）
① 10～15厚大理石踢脚板，稀水泥浆擦缝。
② 10厚1:2水泥砂浆黏结层。
③ 素水泥浆一道甩毛（内掺建筑胶）。

### 4. 内墙
#### （1）内墙1：涂料墙面
① 喷水性耐擦洗涂料。
② 2.5厚1:2.5水泥砂浆找平。
③ 9厚1:3水泥砂浆打底扫毛。
④ 素水泥浆一道甩毛（内掺建筑胶）。

#### （2）内墙2：釉面砖墙面
① 粘贴7～9厚釉面砖面层。
② 5厚1:2建筑水泥砂浆黏结层。
③ 1.5厚聚氨酯防水。
④ 10厚1:3水泥砂浆打底扫毛或划出纹道。
⑤ 素水泥浆一道甩毛（内掺建筑胶）。

#### （3）内墙3：釉面砖墙面
① 白水泥擦缝。
② 5厚釉面砖面层。
③ 5厚1:2建筑水泥砂浆黏结层。
④ 素水泥浆一道。
⑤ 6厚1:2.5水泥砂浆打底压实、抹平。

### 5. 顶棚：板底喷涂顶棚
① 喷水性耐擦洗涂料。
② 耐水腻子两遍。
③ 现浇混凝土楼板。

### 6. 吊顶：铝合金条板吊顶（燃烧性能为A级）
① 0.8～1.0厚铝合金条板，离缝安装带插缝板。
② U型轻钢次龙骨LB45×48，中距≤1500。
③ U型轻钢主龙骨LB38×12，中距≤1500，与钢筋吊杆固定。
④ φ6钢筋吊杆，中距横向≤1500纵向≤1200。
⑤ 现浇混凝土板底预留φ10钢筋吊环，双向中距≤1500。

## 三、防水工程做法

### 1. 地下室外墙防水
① 钢筋混凝土自防水结构墙体P6（抗渗等级）。
② 20厚1:2水泥砂浆找平。
③ 刷基层处理剂一遍。
④ SBS改性沥青防水层（3+3）。
⑤ 30厚水泥聚苯板保护层（用聚醋酸乙烯胶黏剂粘贴）。

### 2. 基础防水
① 钢筋混凝土自防水伐板P6（抗渗等级）。
② 50厚C20细石混凝土保护层。
③ SBS改性沥青防水层（3+3）。
④ 20厚1:2水泥砂浆找平。

| 设计 | 张向荣 | 工程名称 | **1号住宅楼** | 日期 | 2011.3 |
|---|---|---|---|---|---|
| QQ | 800014859 | 图名 | **工程做法明细** | 图号 | 建施-02 |

3

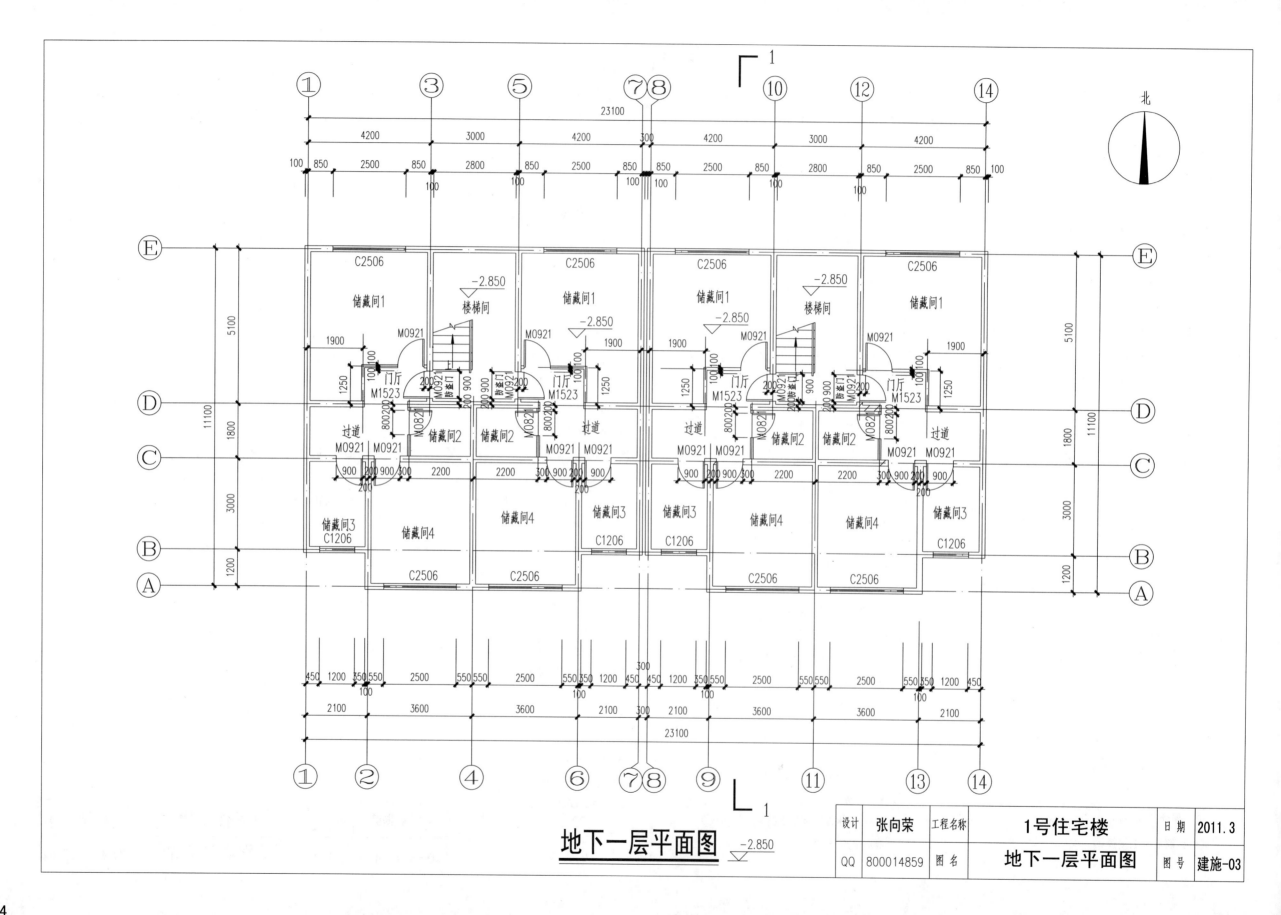

地下一层平面图 ▽-2.850

| 设计 | 张向荣 | 工程名称 | 1号住宅楼 | 日期 | 2011.3 |
| QQ | 800014859 | 图名 | 地下一层平面图 | 图号 | 建施-03 |

4

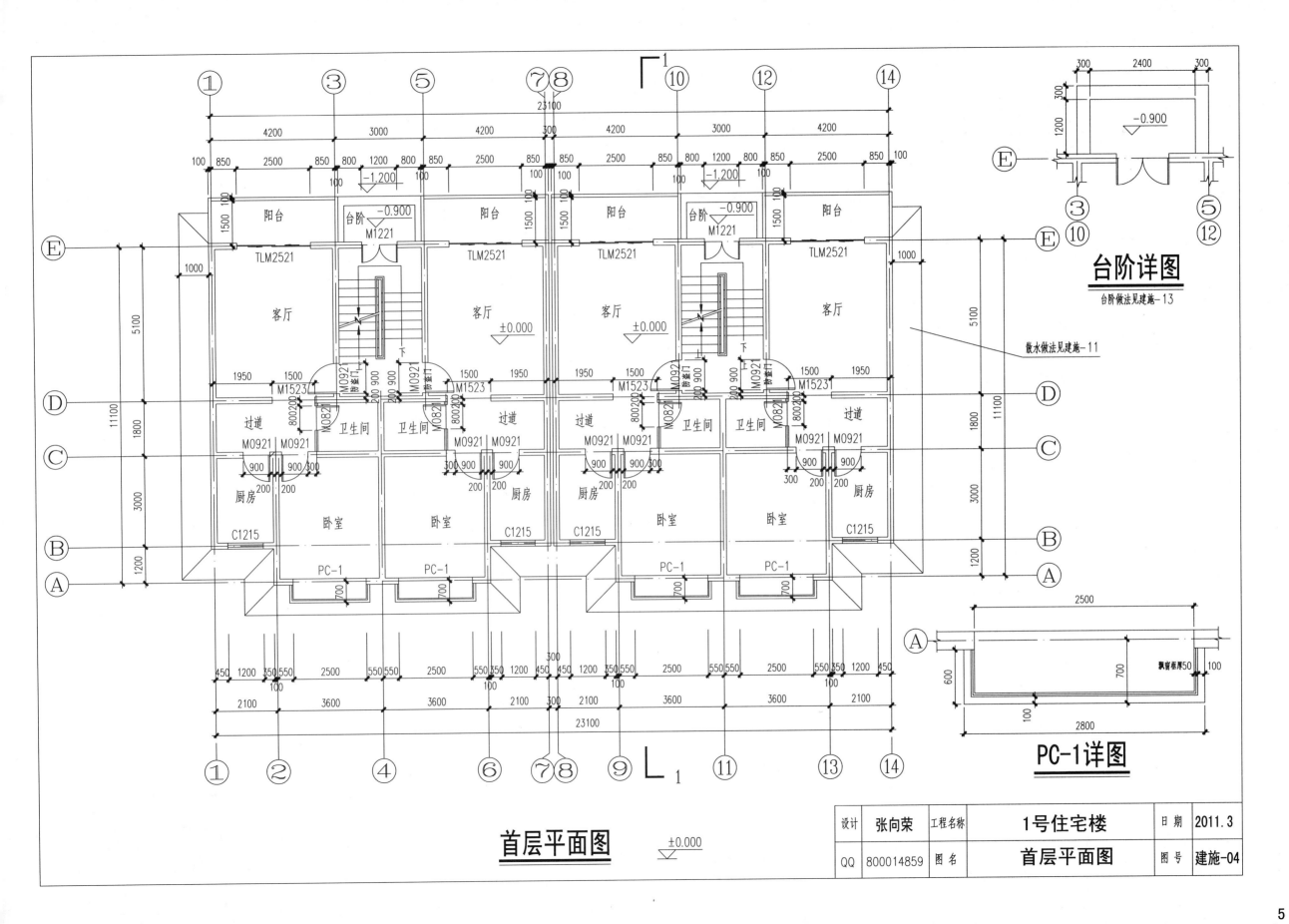

台阶详图

台阶做法见建施-13

散水做法见建施-11

PC-1详图

飘窗框厚50

首层平面图  ±0.000

| 设 计 | 张向荣 | 工程名称 | 1号住宅楼 | 日 期 | 2011.3 |
| QQ | 800014859 | 图 名 | 首层平面图 | 图 号 | 建施-04 |

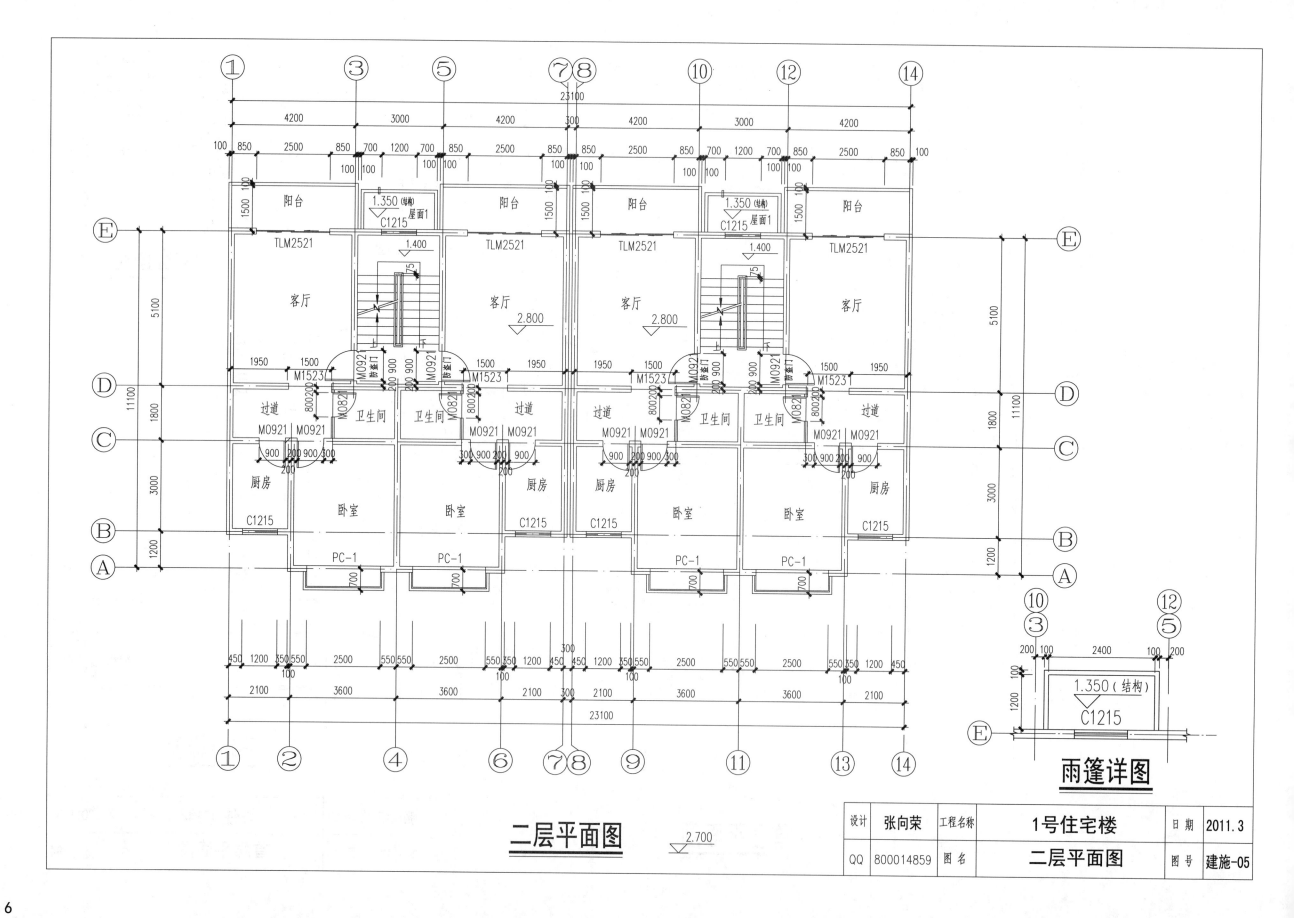

二层平面图 ▽2.700

雨篷详图

| 设计 | 张向荣 | 工程名称 | 1号住宅楼 | 日期 | 2011.3 |
| QQ | 800014859 | 图名 | 二层平面图 | 图号 | 建施-05 |

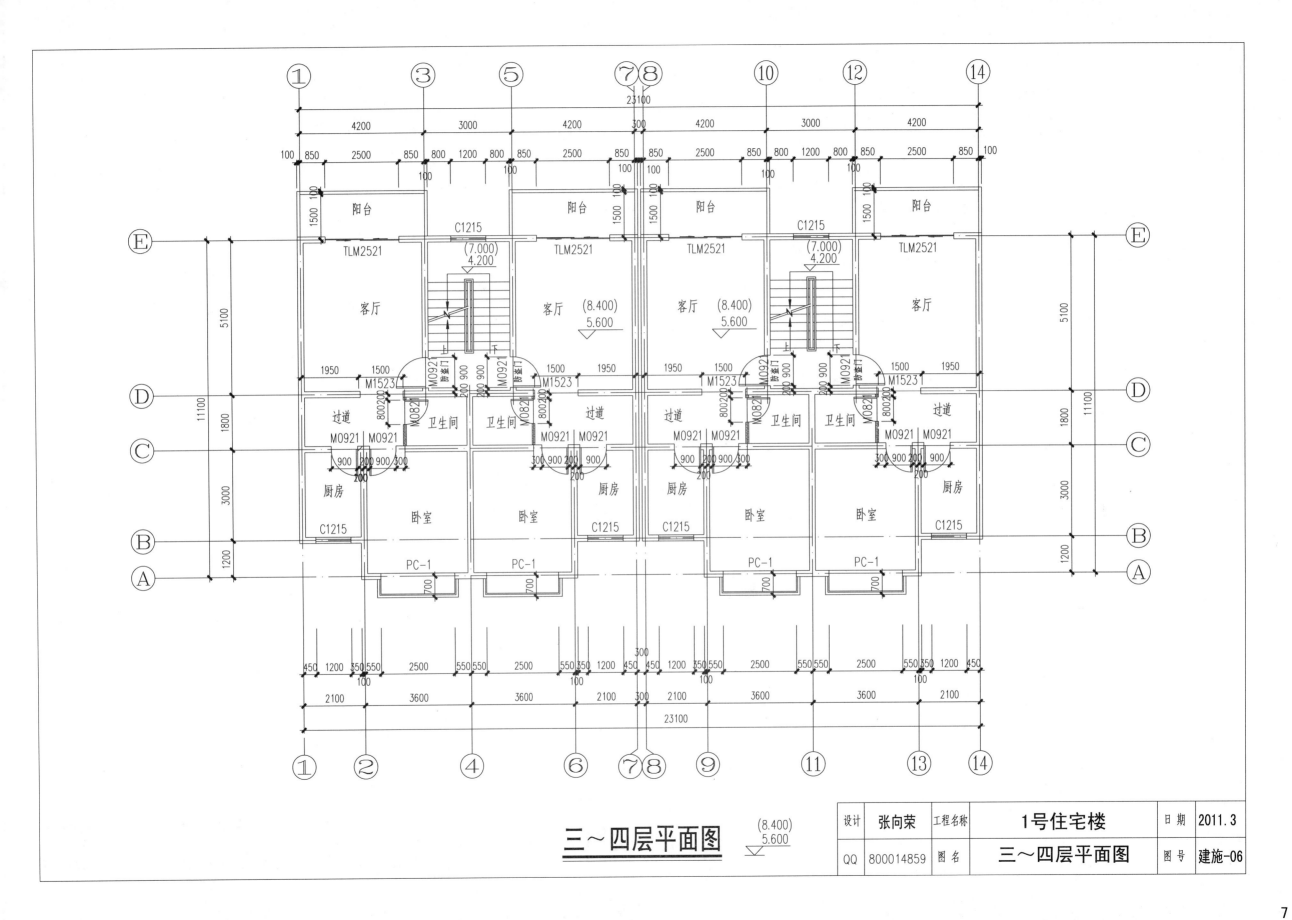

三～四层平面图  (8.400) 5.600

| 设计 | 张向荣 | 工程名称 | 1号住宅楼 | 日期 | 2011.3 |
| QQ | 800014859 | 图名 | 三～四层平面图 | 图号 | 建施-06 |

7

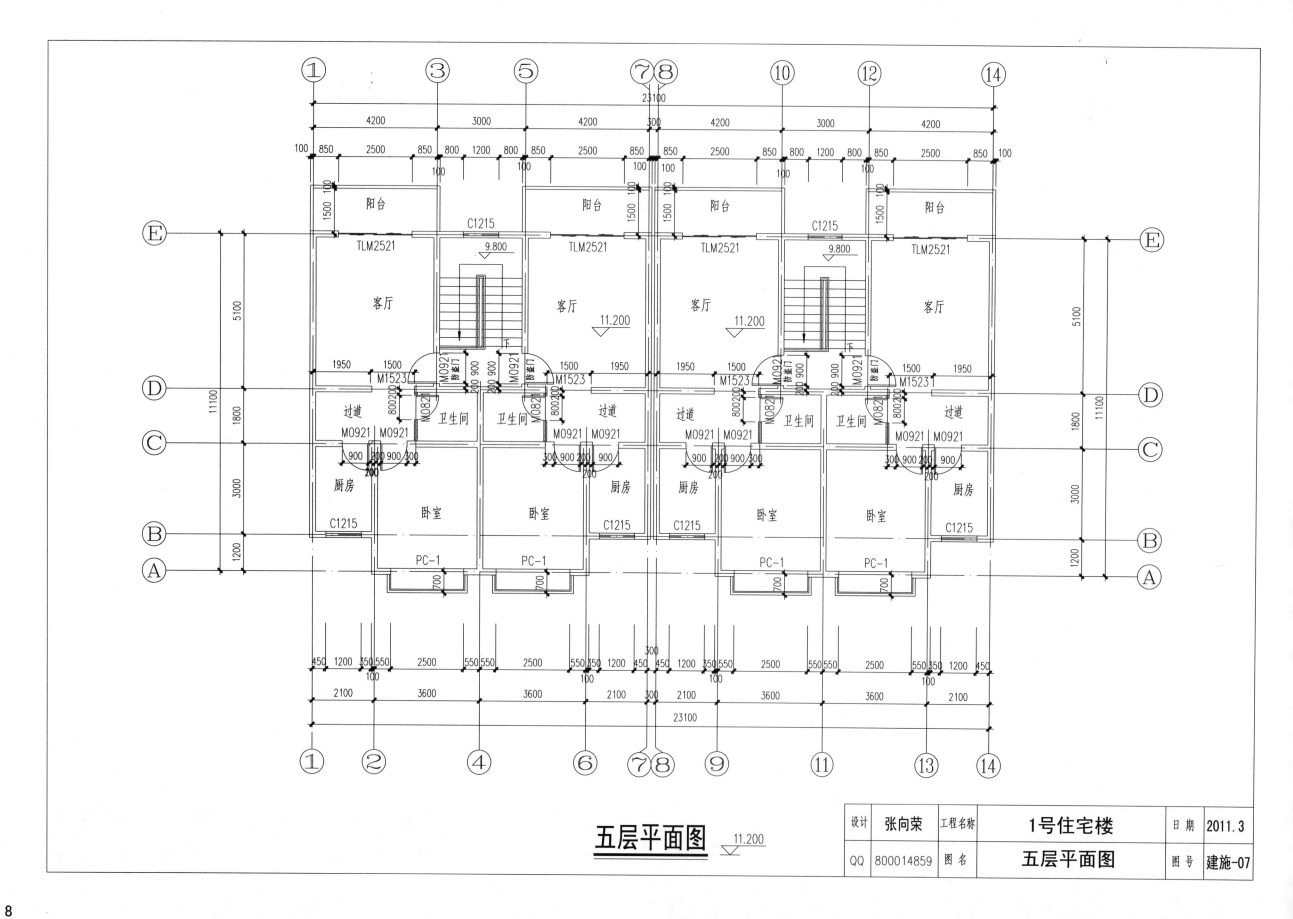

五层平面图 <sub>11.200</sub>

| 设计 | 张向荣 | 工程名称 | 1号住宅楼 | 日 期 | 2011.3 |
| QQ | 800014859 | 图 名 | 五层平面图 | 图 号 | 建施-07 |

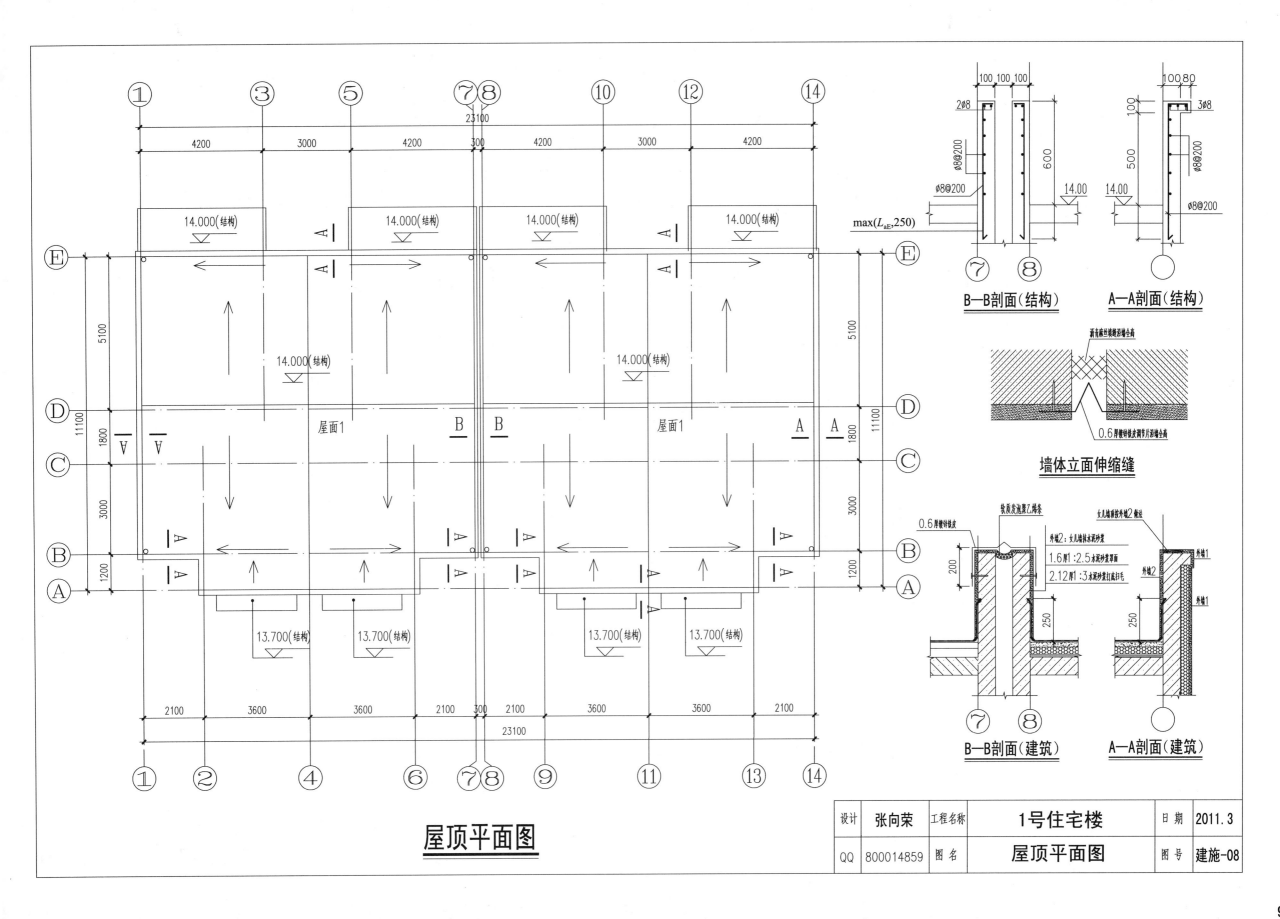

## 屋顶平面图

| 设计 | 张向荣 | 工程名称 | 1号住宅楼 | 日期 | 2011.3 |
| --- | --- | --- | --- | --- | --- |
| QQ | 800014859 | 图名 | 屋顶平面图 | 图号 | 建施-08 |

9

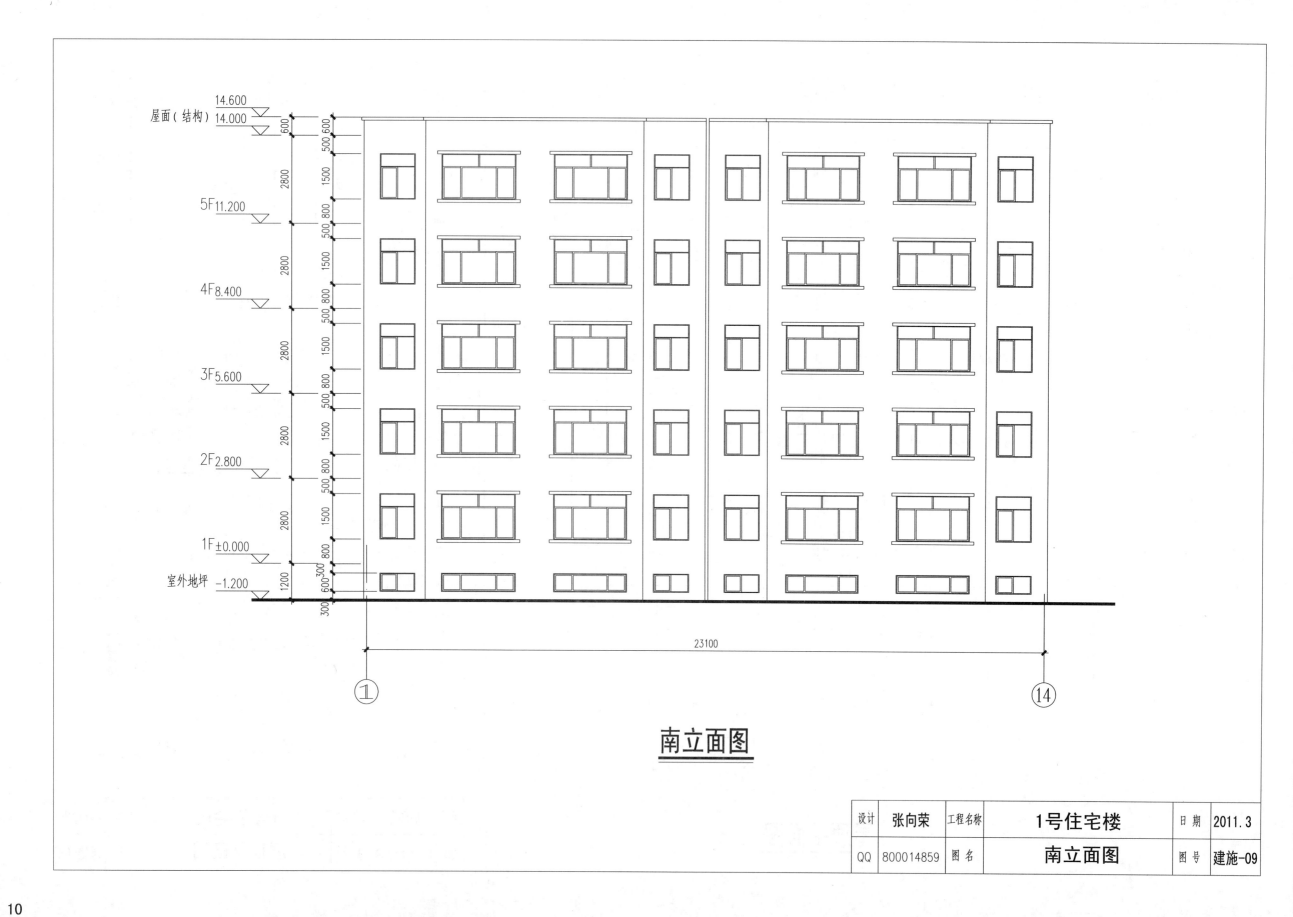

## 南立面图

| 设 计 | 张向荣 | 工程名称 | **1号住宅楼** | 日 期 | 2011.3 |
|---|---|---|---|---|---|
| QQ | 800014859 | 图 名 | **南立面图** | 图 号 | 建施-09 |

10

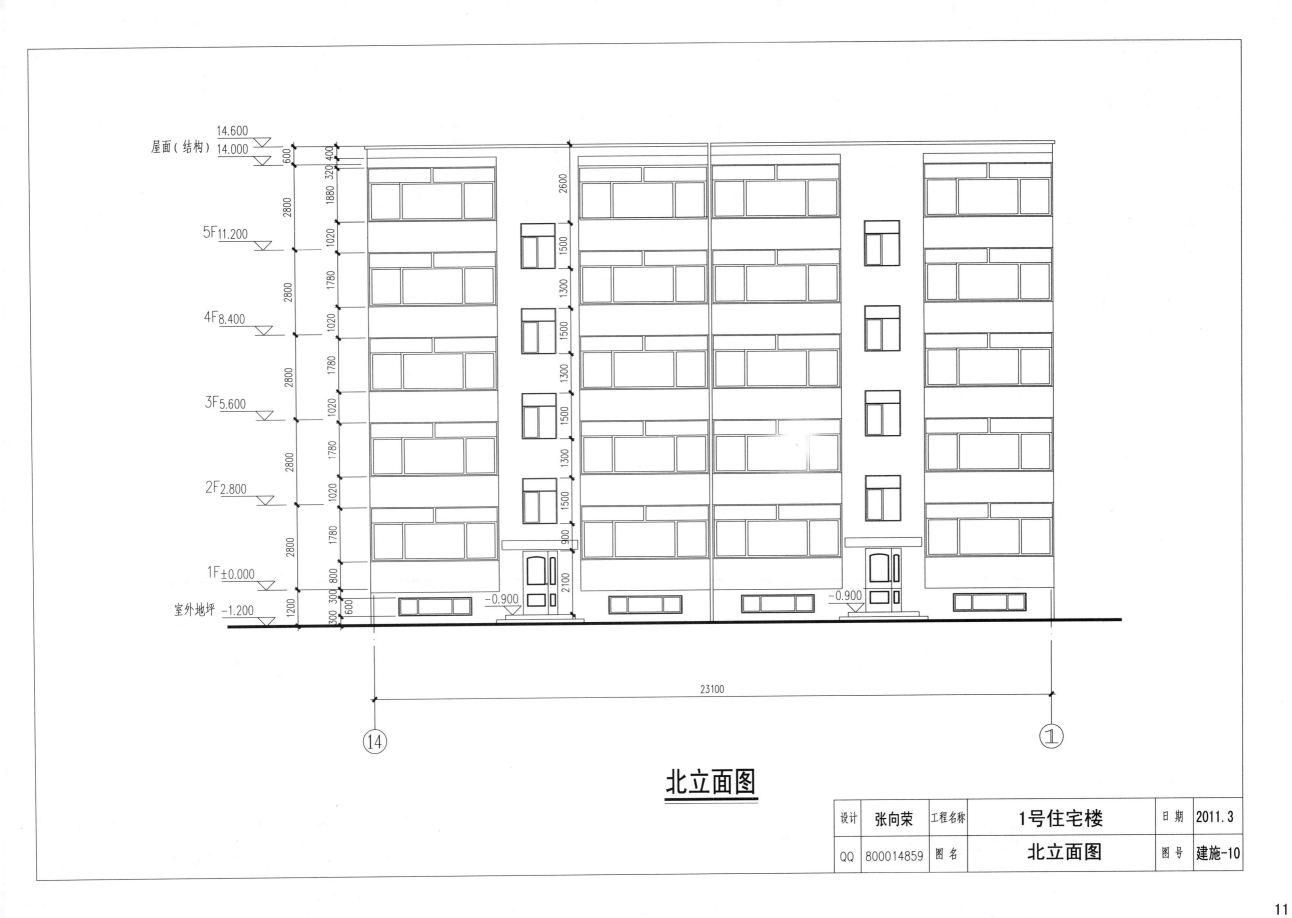

# 北立面图

| 设计 | 张向荣 | 工程名称 | 1号住宅楼 | 日 期 | 2011.3 |
|---|---|---|---|---|---|
| QQ | 800014859 | 图 名 | 北立面图 | 图 号 | 建施-10 |

11

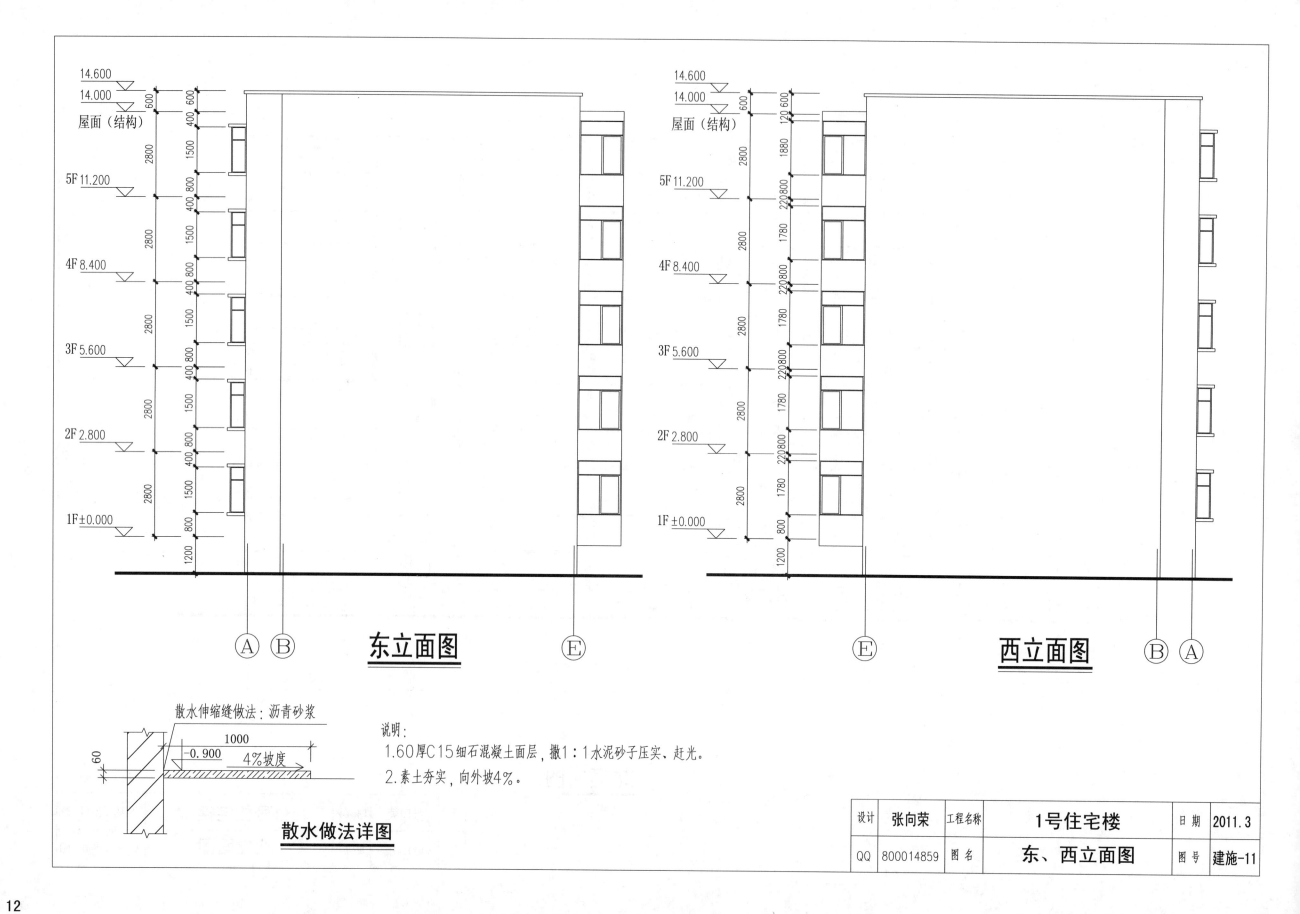

14.600
14.000
屋面（结构）
600
400 600
5F 11.200
2800
1500
4F 8.400
400 800
2800
1500
3F 5.600
400 800
2800
1500
2F 2.800
400 800
2800
1500
1F ±0.000
400 800
2800
1500
800
1200

Ⓐ Ⓑ          **东立面图**          Ⓔ

14.600
14.000
屋面（结构）
600
120 600
5F 11.200
2800
1880
4F 8.400
220 800
2800
1780
3F 5.600
220 800
2800
1780
2F 2.800
220 800
2800
1780
1F ±0.000
220 800
2800
1780
800
1200

Ⓔ          **西立面图**          Ⓑ Ⓐ

散水伸缩缝做法：沥青砂浆
1000
-0.900
4%坡度
60

**散水做法详图**

说明：
1. 60厚C15细石混凝土面层，撒1：1水泥砂子压实、赶光。
2. 素土夯实，向外坡4%。

| 设计 | 张向荣 | 工程名称 | **1号住宅楼** | 日期 | 2011.3 |
|---|---|---|---|---|---|
| QQ | 800014859 | 图名 | **东、西立面图** | 图号 | 建施-11 |

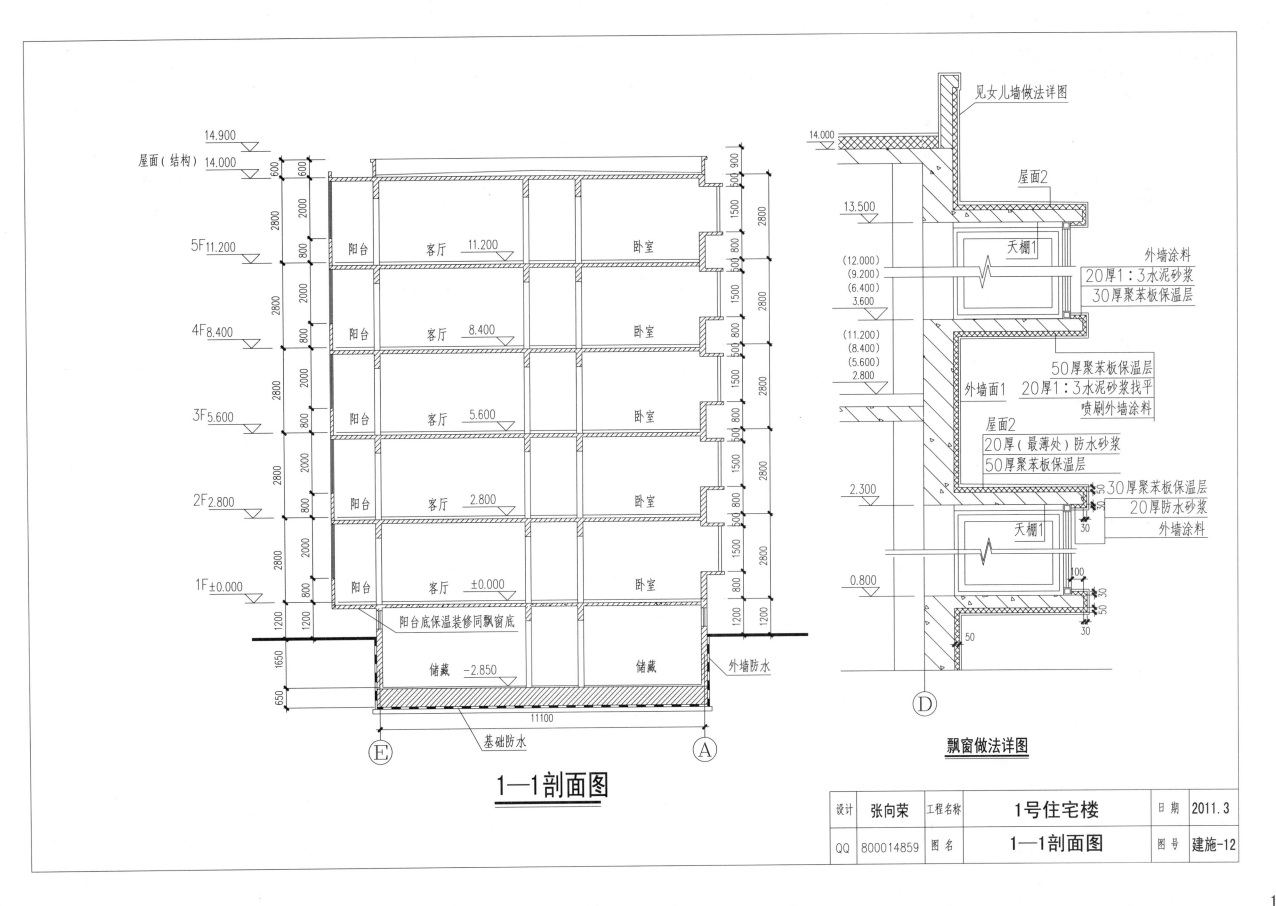

## 1—1剖面图

## 飘窗做法详图

| 设计 | 张向荣 | 工程名称 | **1号住宅楼** | 日 期 | 2011.3 |
| --- | --- | --- | --- | --- | --- |
| QQ | 800014859 | 图 名 | **1—1剖面图** | 图 号 | 建施-12 |

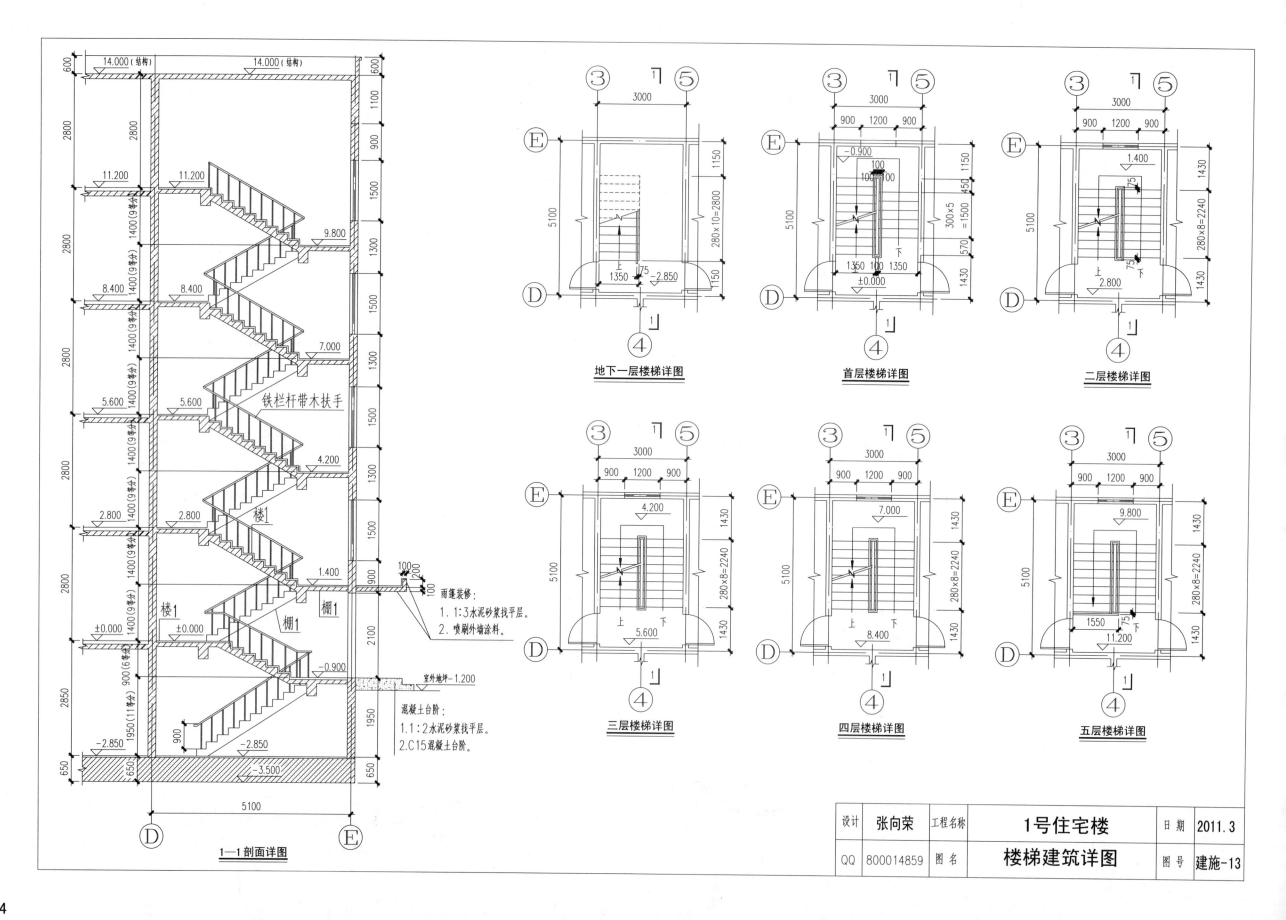

铁栏杆带木扶手

雨篷装修：
1. 1:3水泥砂浆找平层。
2. 喷刷外墙涂料。

混凝土台阶：
1. 1:2水泥砂浆找平层。
2. C15混凝土台阶。

1—1剖面详图

地下一层楼梯详图

首层楼梯详图

二层楼梯详图

三层楼梯详图

四层楼梯详图

五层楼梯详图

| 设计 | 张向荣 | 工程名称 | 1号住宅楼 | 日期 | 2011.3 |
| QQ 800014859 | | 图名 | 楼梯建筑详图 | 图号 | 建施-13 |

14

# 结构设计总说明

## 一、工程概况

本工程为"1号住宅楼",仅作为培训资料,不是实际工程。地下一层,地上五层。

抗震剪力墙结构,基础为筏板基础,现浇钢筋混凝土楼板。

## 二、抗震设防参数

抗震设防烈度为8度,抗震等级为2级。

## 三、主要设计依据

1.甲方提供的设计任务书及有关资料。

2.《建筑结构荷载规范》(GB 50009—2001)。

3.《高层建筑混凝土结构技术规程》(JGJ 3—2002)。

4.《建筑地基基础设计规范》(GB 50007—2002)。

5.《混凝土结构设计规范》(GB 50010—2002)。

6.《建筑抗震设计规范》(GB 50011—2001)。

7.其他有关设计规范规定及资料。

## 四、主要结构材料

1.混凝土强度等级:所有混凝土构件强度等级全为C30。

2.钢筋:一级钢 HPB300,二级钢 HRB335。

3.焊条:一级钢 HPB300用 E43,二级钢 HRB335用 E52。

## 五、钢筋混凝土结构构造

1.本图钢筋混凝土墙体钢筋采用平法表示,有关构造要求除特殊注明外,均按照图集《混凝土结构施工图平面整体表示方法制图规则和构造详图》执行。

2.钢筋保护层

基础底板:40mm,剪力墙:15mm,楼板:15mm,梁:25mm,柱:30mm。

3.现浇钢筋混凝土板

(1)顶层楼梯间板上开洞配筋见结施-12。

(2)图中未标注楼板分布筋均为φ8@200。

(3)隔墙下板下铁增设3φ14,伸至两侧墙或梁内一个锚固长度。

(4)屋面顶板上铁增设温度钢筋见图一。

4.现浇钢筋混凝土墙

剪力墙上孔洞必须预留不得后凿,洞口小于200时,洞边不设附加筋,墙内钢筋不得截断,剪力墙上孔洞必须预留,不得后凿,洞口大于200小于800时,墙洞洞口附加筋见图二。

5.关于钢筋的连接方式

钢筋直径≥16时采用焊接连接方式,钢筋直径<16时采用绑扎连接方式。钢筋直径≤12时,按12m定尺长度计算,钢筋直径>12时,按8m定尺长度计算。

6.关于暗梁的设置

除地下一层外,每层每道墙均设暗梁,宽度同墙厚,高度为400,纵筋为4φ16,箍筋为φ8@200。

## 六、砌体部分

1.本工程填充墙均为陶粒混凝土空心砌块,不作承重墙,陶粒混凝土空心砌块的性能应达到《轻集料混凝土小型空心砌块》(GB15229—94)。标准密度等级不大于800kg/m³;抗压强度≥8MPa。

2.砌体内的门洞、窗洞或设备留孔,其洞顶均设过梁。梁宽同墙宽,梁高为1/8洞宽且不小于120mm;洞宽小于1500mm时,下铁为2φ12,架立筋为2φ10,箍筋均为φ6@200,梁支座长度等于250mm。当洞顶距结构梁(或墙连梁)底小于上述过梁高度时,结构梁(或墙连梁)底应设吊板,厚同墙厚,吊板内设φ6@200钢筋,双排双向锚入结构梁内≥35d,如图三所示。

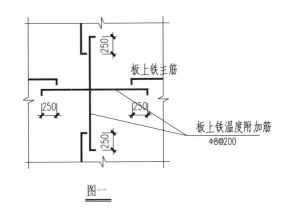

图一

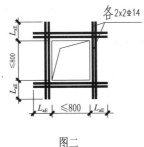

图二

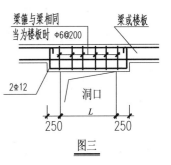

图三

## 七、其他

1.施工时配合各专业设置预埋件。

2.施工时配合电专业做好防雷做法。

3.本工程图示尺寸以毫米(mm)为单位,标高以米(m)为单位。

| 设计 | 张向荣 | 工程名称 | **1号住宅楼** | 日期 | 2011.3 |
|---|---|---|---|---|---|
| QQ | 800014859 | 图名 | **结构设计总说明** | 图号 | 结施-01 |

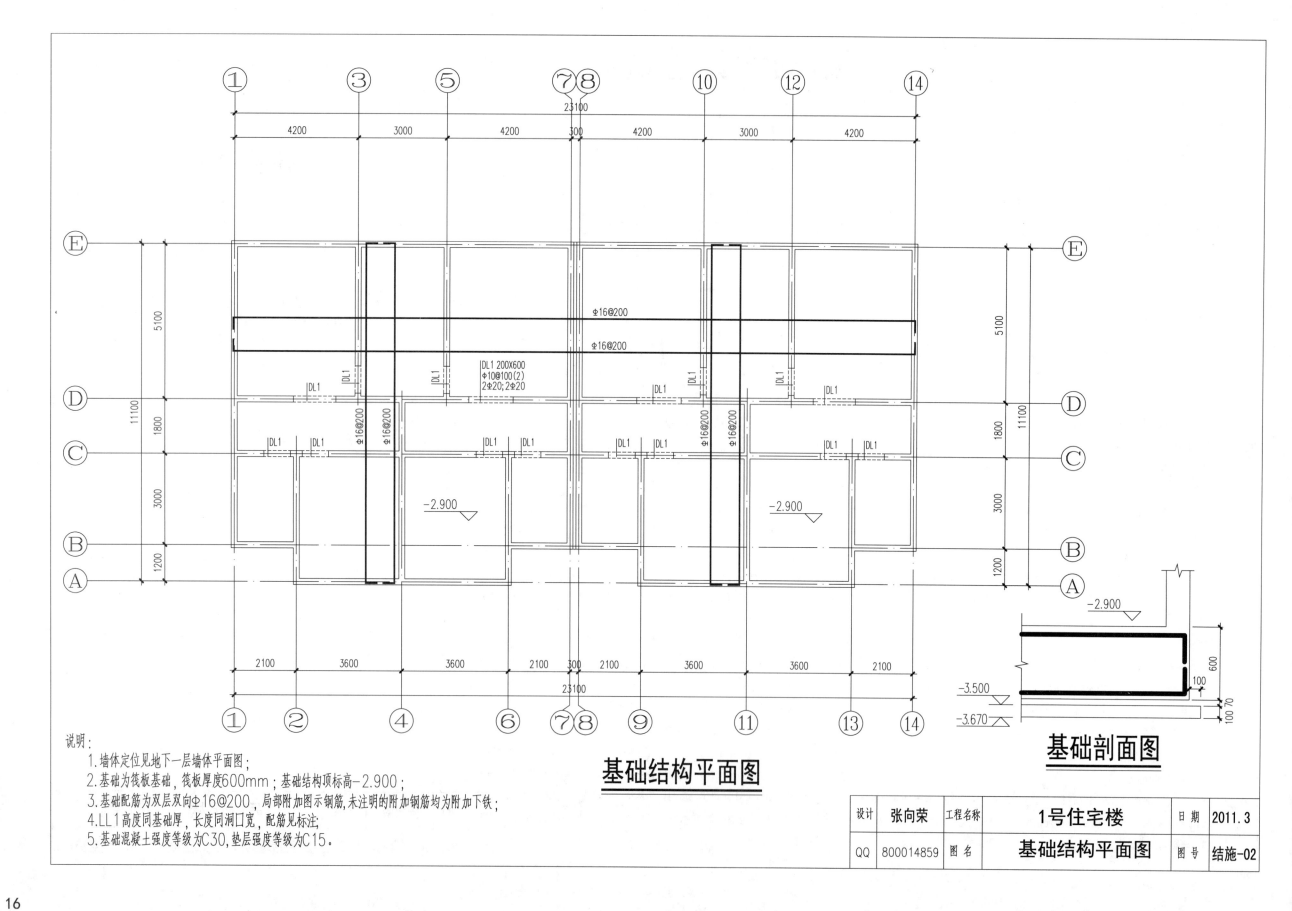

说明：
1. 墙体定位见地下一层墙体平面图；
2. 基础为筏板基础，筏板厚度600mm；基础结构顶标高-2.900；
3. 基础配筋为双层双向 $\Phi$16@200，局部附加图示钢筋，未注明的附加钢筋均为附加下铁；
4. LL1高度同基础厚，长度同洞口宽，配筋见标注；
5. 基础混凝土强度等级为C30，垫层强度等级为C15。

## 基础结构平面图

## 基础剖面图

| 设计 | 张向荣 | 工程名称 | 1号住宅楼 | 日 期 | 2011.3 |
| --- | --- | --- | --- | --- | --- |
| QQ | 800014859 | 图 名 | 基础结构平面图 | 图 号 | 结施-02 |

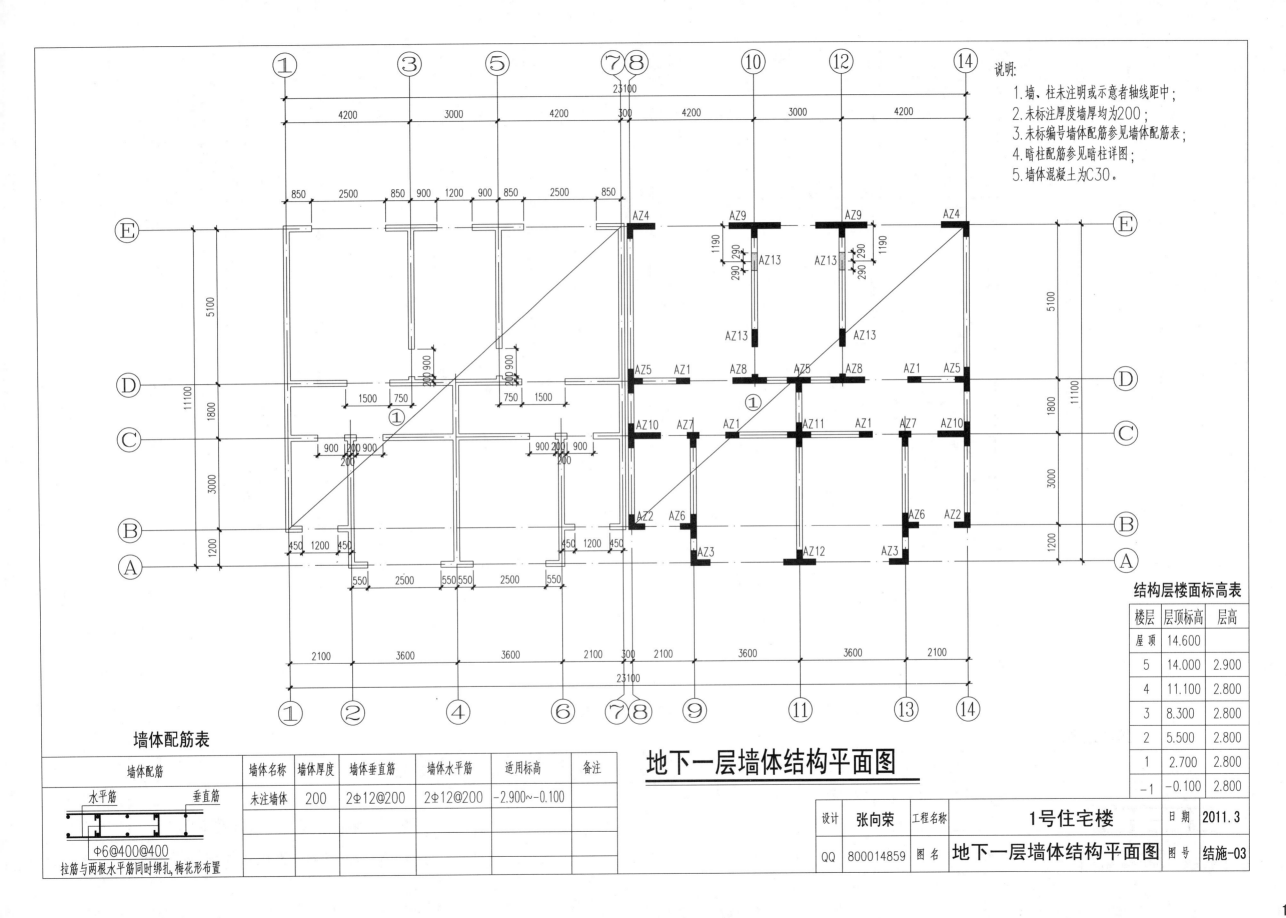

说明:
1. 墙、柱未注明或示意者轴线距中;
2. 未标注厚度墙厚均为200;
3. 未标编号墙体配筋参见墙体配筋表;
4. 暗柱配筋参见暗柱详图;
5. 墙体混凝土为C30。

## 结构层楼面标高表

| 楼层 | 层顶标高 | 层高 |
|---|---|---|
| 屋顶 | 14.600 | |
| 5 | 14.000 | 2.900 |
| 4 | 11.100 | 2.800 |
| 3 | 8.300 | 2.800 |
| 2 | 5.500 | 2.800 |
| 1 | 2.700 | 2.800 |
| -1 | -0.100 | 2.800 |

## 地下一层墙体结构平面图

## 墙体配筋表

| 墙体配筋 | | 墙体名称 | 墙体厚度 | 墙体垂直筋 | 墙体水平筋 | 适用标高 | 备注 |
|---|---|---|---|---|---|---|---|
| 水平筋 | 垂直筋 | 未注墙体 | 200 | 2Φ12@200 | 2Φ12@200 | -2.900~-0.100 | |

Φ6@400@400
拉筋与两根水平筋同时绑扎,梅花形布置

| 设计 | 张向荣 | 工程名称 | **1号住宅楼** | 日期 | 2011.3 |
|---|---|---|---|---|---|
| QQ | 800014859 | 图名 | **地下一层墙体结构平面图** | 图号 | 结施-03 |

17

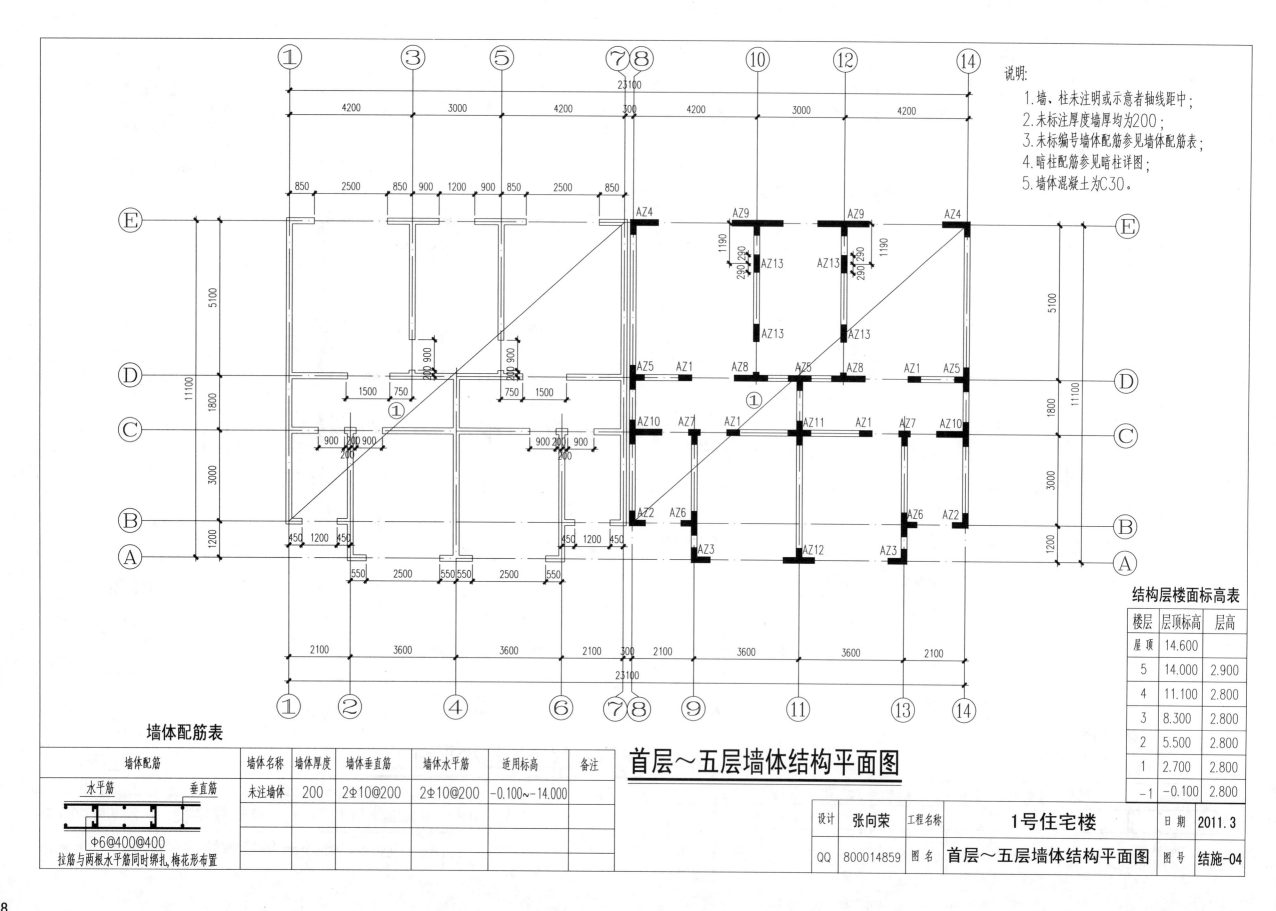

说明:
1. 墙、柱未注明或示意者轴线距中;
2. 未标注厚度墙厚均为200;
3. 未标编号墙体配筋参见墙体配筋表;
4. 暗柱配筋参见暗柱详图;
5. 墙体混凝土为C30。

## 墙体配筋表

| 墙体名称 | 墙体厚度 | 墙体垂直筋 | 墙体水平筋 | 适用标高 | 备注 |
|---|---|---|---|---|---|
| 未注墙体 | 200 | 2Φ10@200 | 2Φ10@200 | -0.100~14.000 | |

墙体配筋

水平筋        垂直筋

Φ6@400@400
拉筋与两根水平筋同时绑扎,梅花形布置

## 结构层楼面标高表

| 楼层 | 层顶标高 | 层高 |
|---|---|---|
| 屋顶 | 14.600 | |
| 5 | 14.000 | 2.900 |
| 4 | 11.100 | 2.800 |
| 3 | 8.300 | 2.800 |
| 2 | 5.500 | 2.800 |
| 1 | 2.700 | 2.800 |
| -1 | -0.100 | 2.800 |

## 首层~五层墙体结构平面图

| 设计 | 张向荣 | 工程名称 | 1号住宅楼 | 日期 | 2011.3 |
|---|---|---|---|---|---|
| QQ | 800014859 | 图名 | 首层~五层墙体结构平面图 | 图号 | 结施-04 |

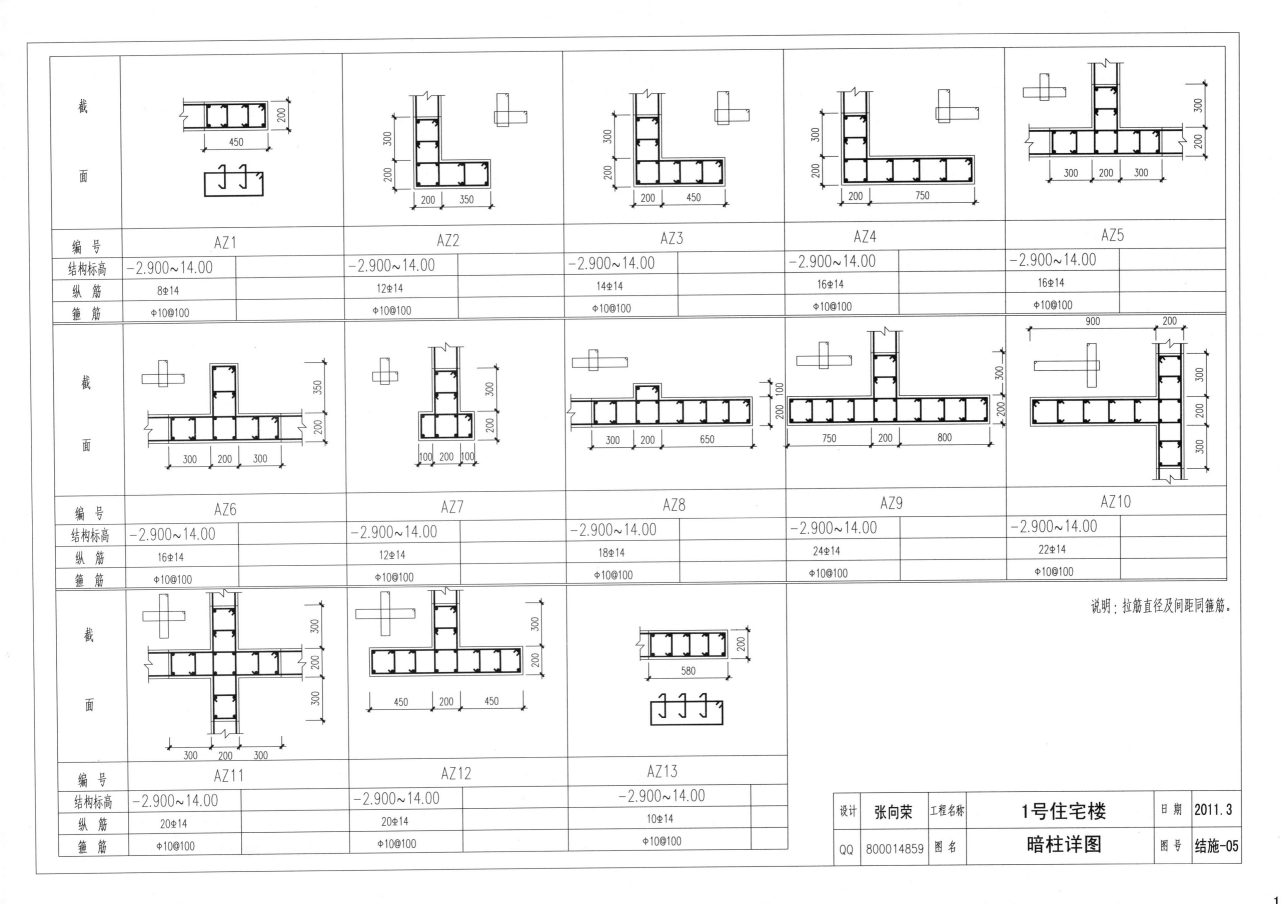

| 截面 | | | | | |
|---|---|---|---|---|---|
| 编号 | AZ1 | AZ2 | AZ3 | AZ4 | AZ5 |
| 结构标高 | -2.900~14.00 | -2.900~14.00 | -2.900~14.00 | -2.900~14.00 | -2.900~14.00 |
| 纵筋 | 8Φ14 | 12Φ14 | 14Φ14 | 16Φ14 | 16Φ14 |
| 箍筋 | Φ10@100 | Φ10@100 | Φ10@100 | Φ10@100 | Φ10@100 |

| 截面 | | | | | |
|---|---|---|---|---|---|
| 编号 | AZ6 | AZ7 | AZ8 | AZ9 | AZ10 |
| 结构标高 | -2.900~14.00 | -2.900~14.00 | -2.900~14.00 | -2.900~14.00 | -2.900~14.00 |
| 纵筋 | 16Φ14 | 12Φ14 | 18Φ14 | 24Φ14 | 22Φ14 |
| 箍筋 | Φ10@100 | Φ10@100 | Φ10@100 | Φ10@100 | Φ10@100 |

说明：拉筋直径及间距同箍筋。

| 截面 | | | |
|---|---|---|---|
| 编号 | AZ11 | AZ12 | AZ13 |
| 结构标高 | -2.900~14.00 | -2.900~14.00 | -2.900~14.00 |
| 纵筋 | 20Φ14 | 20Φ14 | 10Φ14 |
| 箍筋 | Φ10@100 | Φ10@100 | Φ10@100 |

| 设计 | 张向荣 | 工程名称 | **1号住宅楼** | 日期 | 2011.3 |
|---|---|---|---|---|---|
| QQ | 800014859 | 图名 | **暗柱详图** | 图号 | 结施-05 |

19

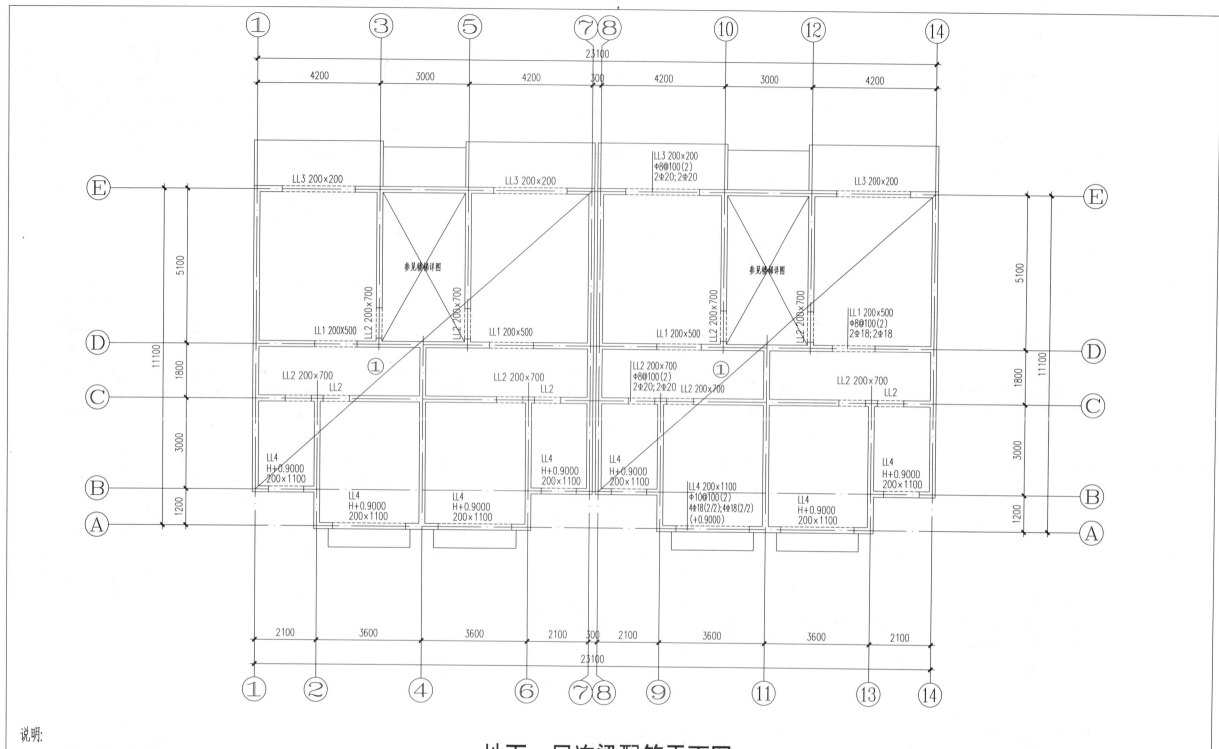

地下一层连梁配筋平面图

本层梁混凝土强度等级：C30

说明：
1. 未标注定位梁对所在轴线、定位线居中；
2. 连梁所在墙体水平筋均作为连梁腰筋；
3. 其余说明详见结构设计总说明。

| 设计 | 张向荣 | 工程名称 | 1号住宅楼 | 日 期 | 2011.3 |
|---|---|---|---|---|---|
| QQ | 800014859 | 图 名 | 地下一层连梁配筋平面图 | 图 号 | 结施-06 |

20

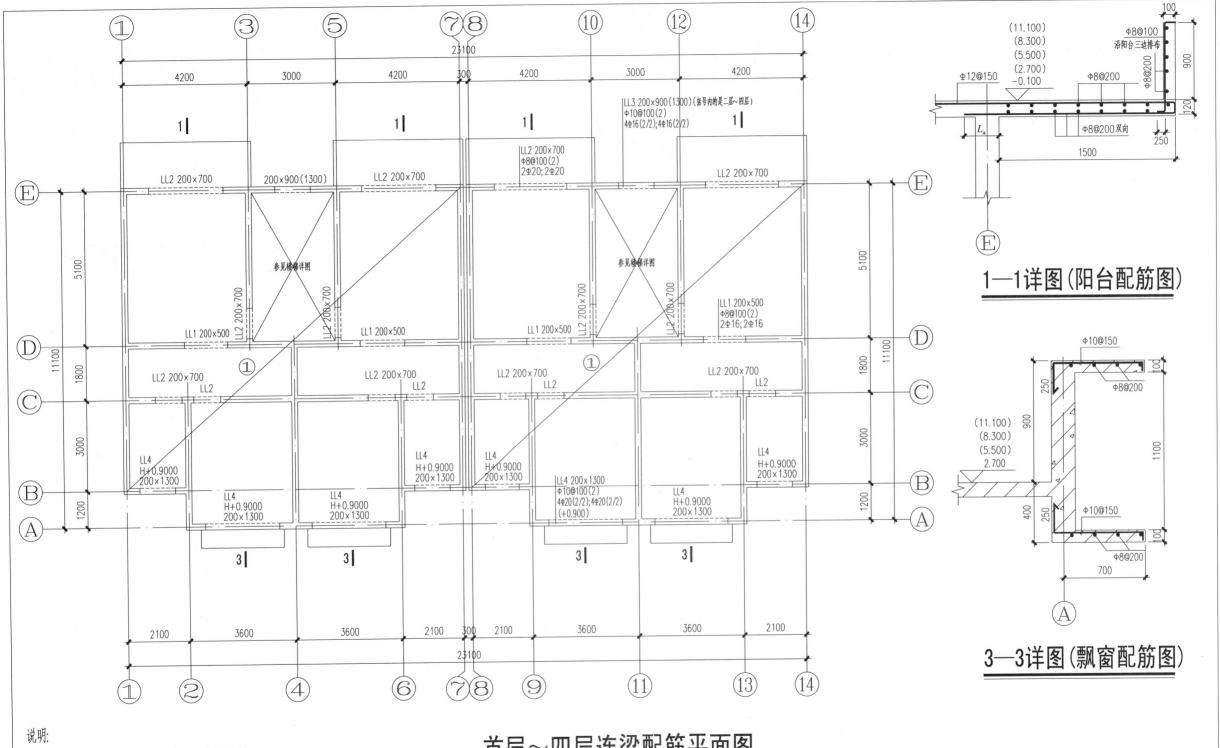

1—1详图(阳台配筋图)

3—3详图(飘窗配筋图)

## 首层~四层连梁配筋平面图

本层梁混凝土强度等级：C30

说明：
1. 未标注定位梁对所在轴线、定位线居中；
2. 连梁所在墙体水平筋均作为连梁腰筋；
3. 其余说明详见结构设计总说明。

| 设 计 | 张向荣 | 工程名称 | 1号住宅楼 | | 日 期 | 2011.3 |
|---|---|---|---|---|---|---|
| QQ | 800014859 | 图 名 | 首层~四层连梁配筋平面图 | | 图 号 | 结施-07 |

21

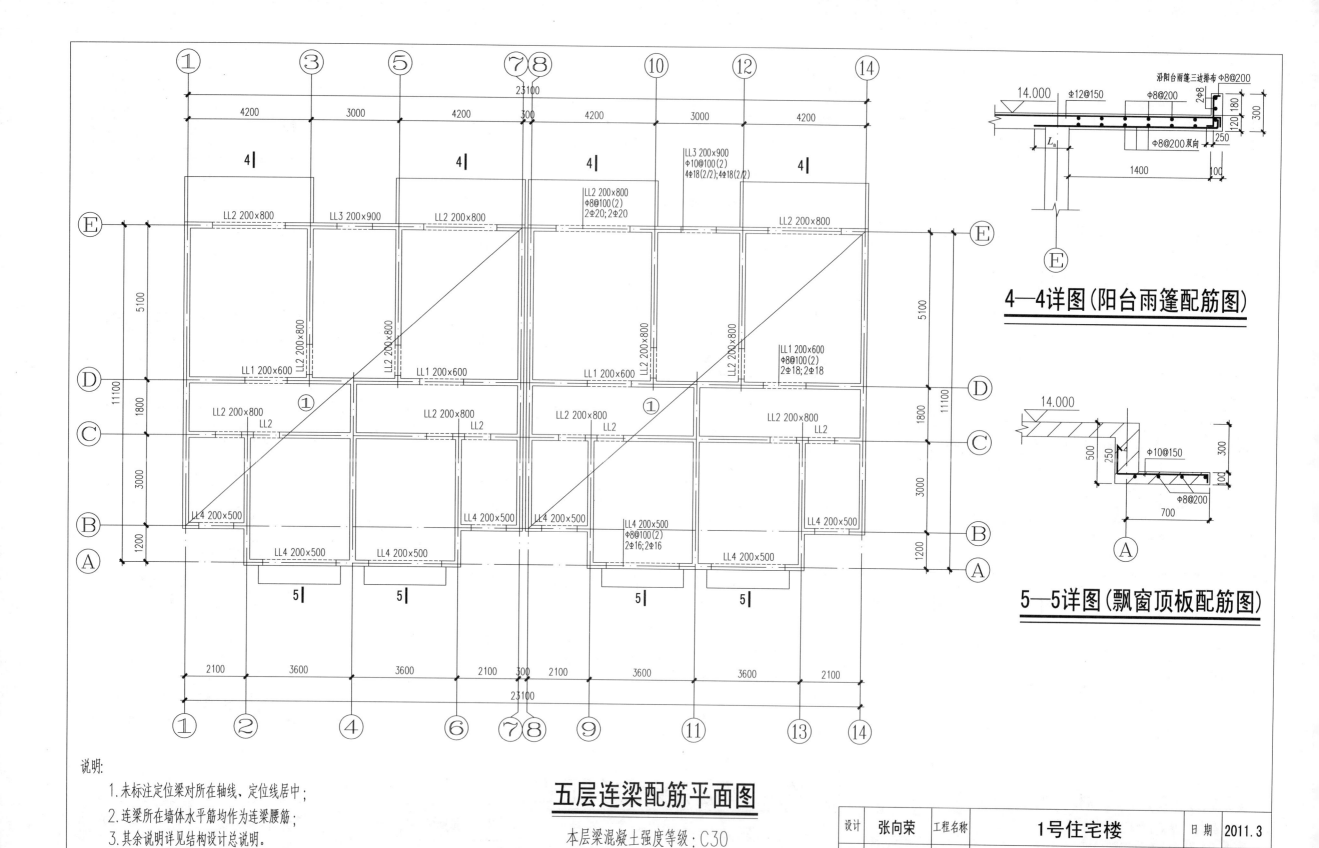

沿阳台雨篷三边排布Φ8@200

14.000

Φ12@150  Φ8@200

Φ8@200双向

1400

**4—4详图(阳台雨篷配筋图)**

LL3 200×900
Φ10@100(2)
4Φ18(2/2);4Φ18(2/2)

LL2 200×800
Φ8@100(2)
2Φ20;2Φ20

LL2 200×800

LL3 200×900

LL2 200×800

LL2 200×800

LL2 200×800

LL2 200×800

LL2 200×800

LL2 200×800

LL1 200×600

LL1 200×600

LL1 200×600

LL2 200×800

LL1 200×600
Φ8@100(2)
2Φ18;2Φ18

LL2 200×800

LL2 200×800

LL2 200×800

LL2 200×800

LL2

LL2

LL2

LL2

14.000

500  250  Φ10@150  300

Φ8@200

700

**5—5详图(飘窗顶板配筋图)**

LL4 200×500

LL4 200×500

LL4 200×500

LL4 200×500

LL4 200×500

LL4 200×500

LL4 200×500
Φ8@100(2)
2Φ16;2Φ16

LL4 200×500

LL4 200×500

23100

4200  3000  4200  300  4200  3000  4200

5100  1800  3000  1200

11100

2100  3600  3600  2100  300  2100  3600  3600  2100

23100

说明:
1. 未标注定位梁对所在轴线、定位线居中;
2. 连梁所在墙体水平筋均为连梁腰筋;
3. 其余说明详见结构设计总说明。

**五层连梁配筋平面图**

本层梁混凝土强度等级:C30

| 设计 | 张向荣 | 工程名称 | **1号住宅楼** | 日期 | 2011.3 |
| QQ | 800014859 | 图名 | **五层连梁配筋平面图** | 图号 | 结施-08 |

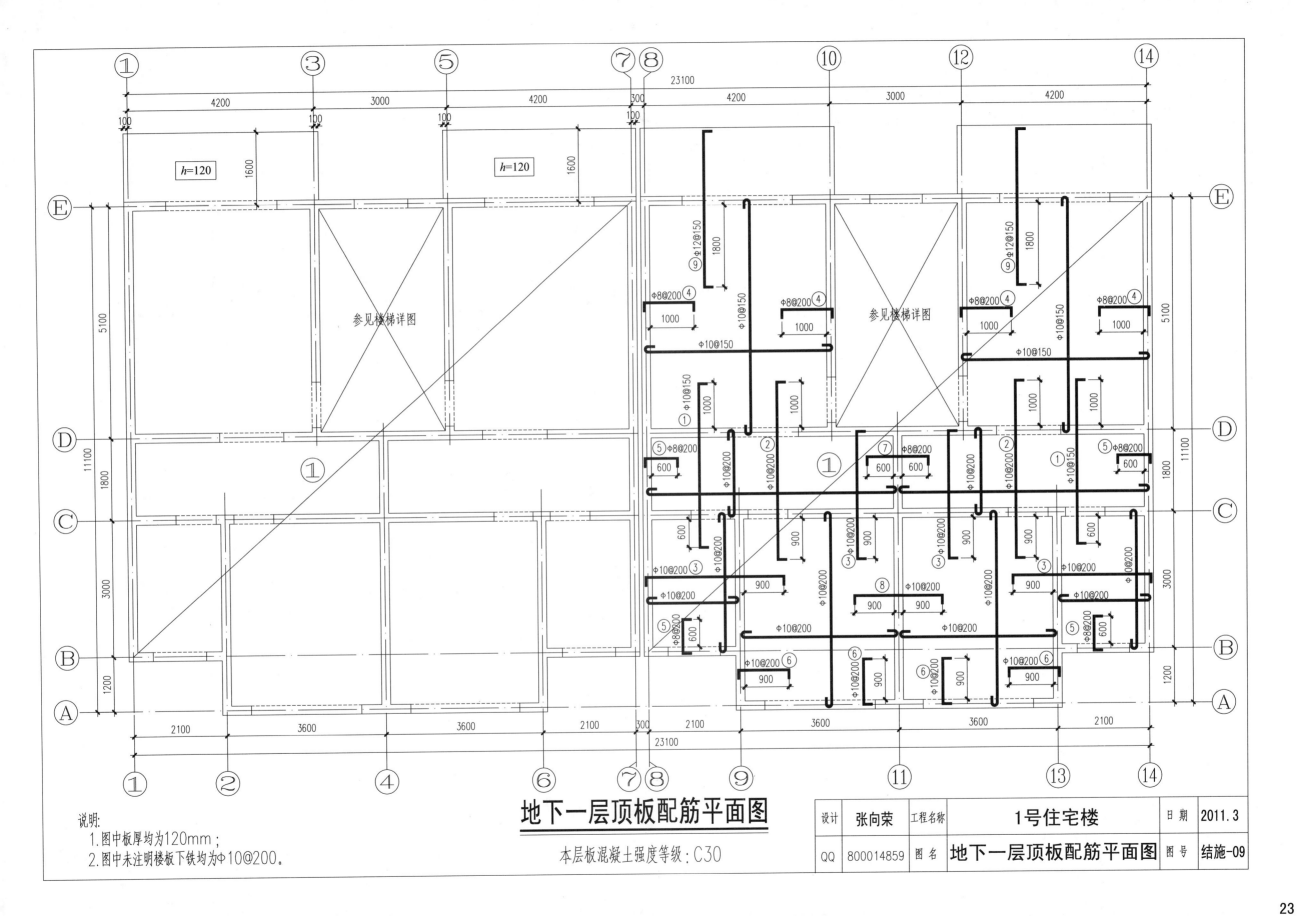

地下一层顶板配筋平面图

本层板混凝土强度等级：C30

说明：
1.图中板厚均为120mm；
2.图中未注明楼板下铁均为Φ10@200。

| 设计 | 张向荣 | 工程名称 | 1号住宅楼 | 日期 | 2011.3 |
| QQ | 800014859 | 图名 | 地下一层顶板配筋平面图 | 图号 | 结施-09 |

23

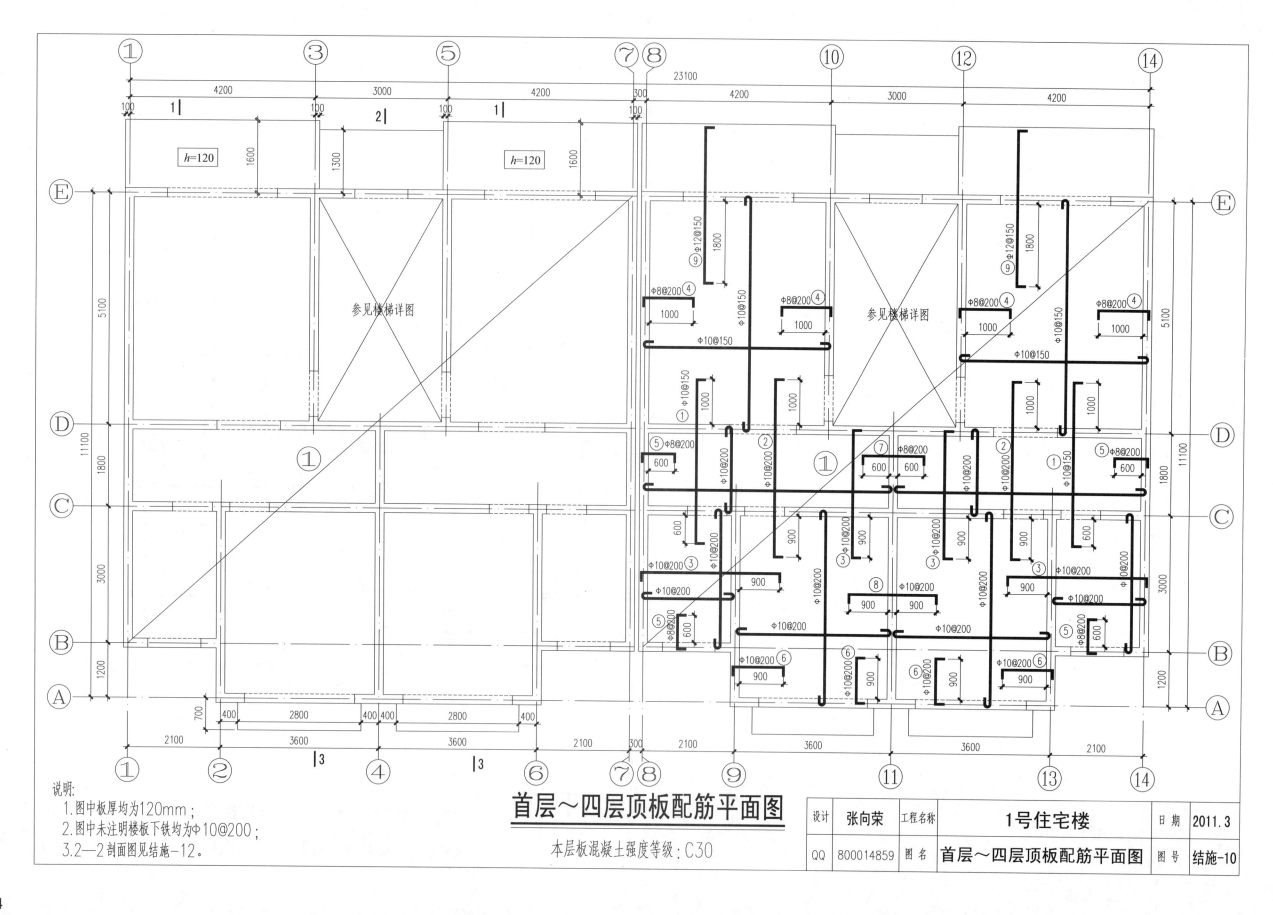

首层～四层顶板配筋平面图

本层板混凝土强度等级：C30

说明：
1. 图中板厚均为120mm；
2. 图中未注明楼板下铁均为Φ10@200；
3. 2—2剖面图见结施-12。

| 设计 | 张向荣 | 工程名称 | 1号住宅楼 | 日期 | 2011.3 |
| QQ | 800014859 | 图名 | 首层～四层顶板配筋平面图 | 图号 | 结施-10 |

24

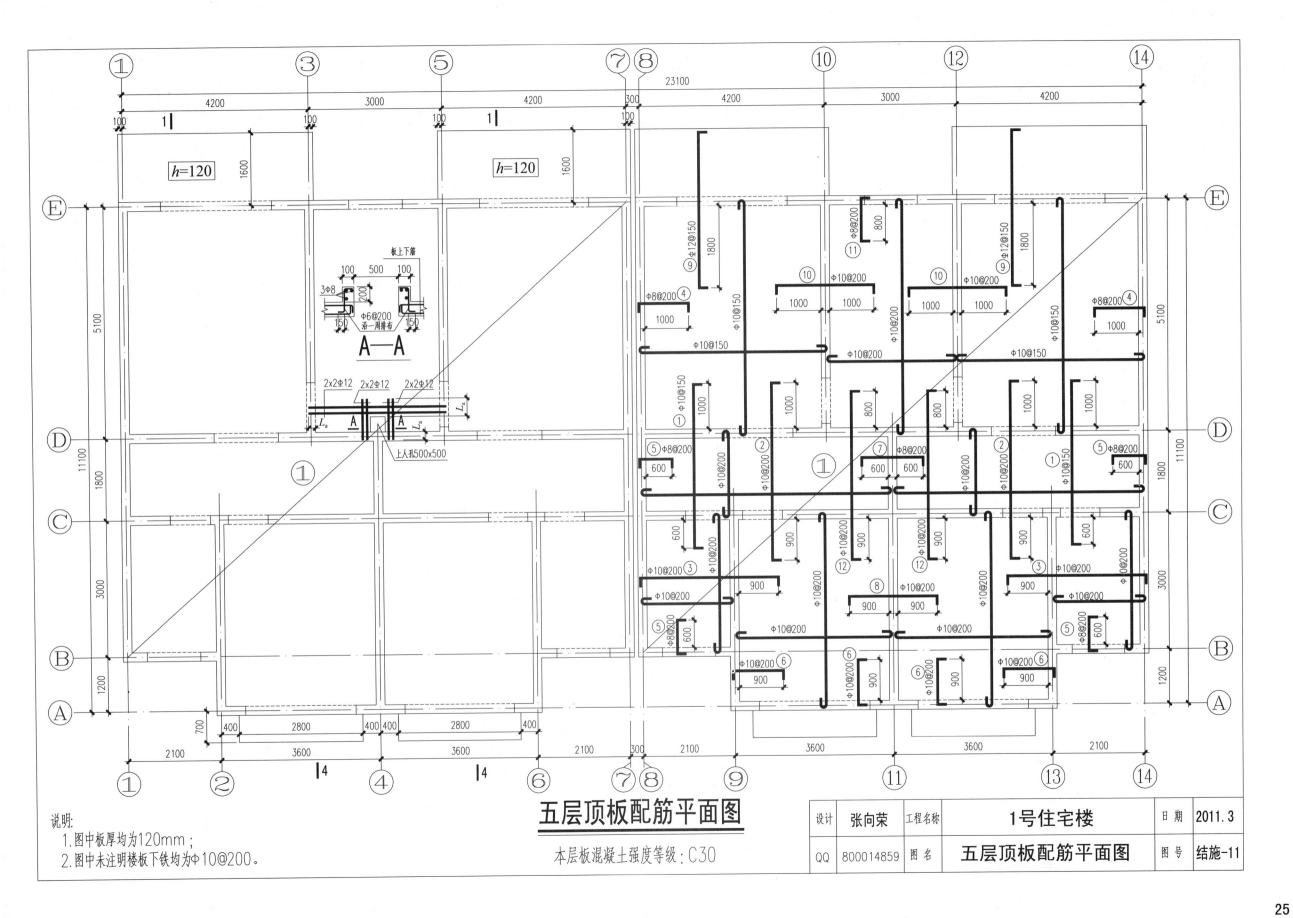

五层顶板配筋平面图

本层板混凝土强度等级：C30

说明：
1.图中板厚均为120mm；
2.图中未注明楼板下铁均为Φ10@200。

| 设计 | 张向荣 | 工程名称 | 1号住宅楼 | 日期 | 2011.3 |
| QQ | 800014859 | 图名 | 五层顶板配筋平面图 | 图号 | 结施-11 |

25

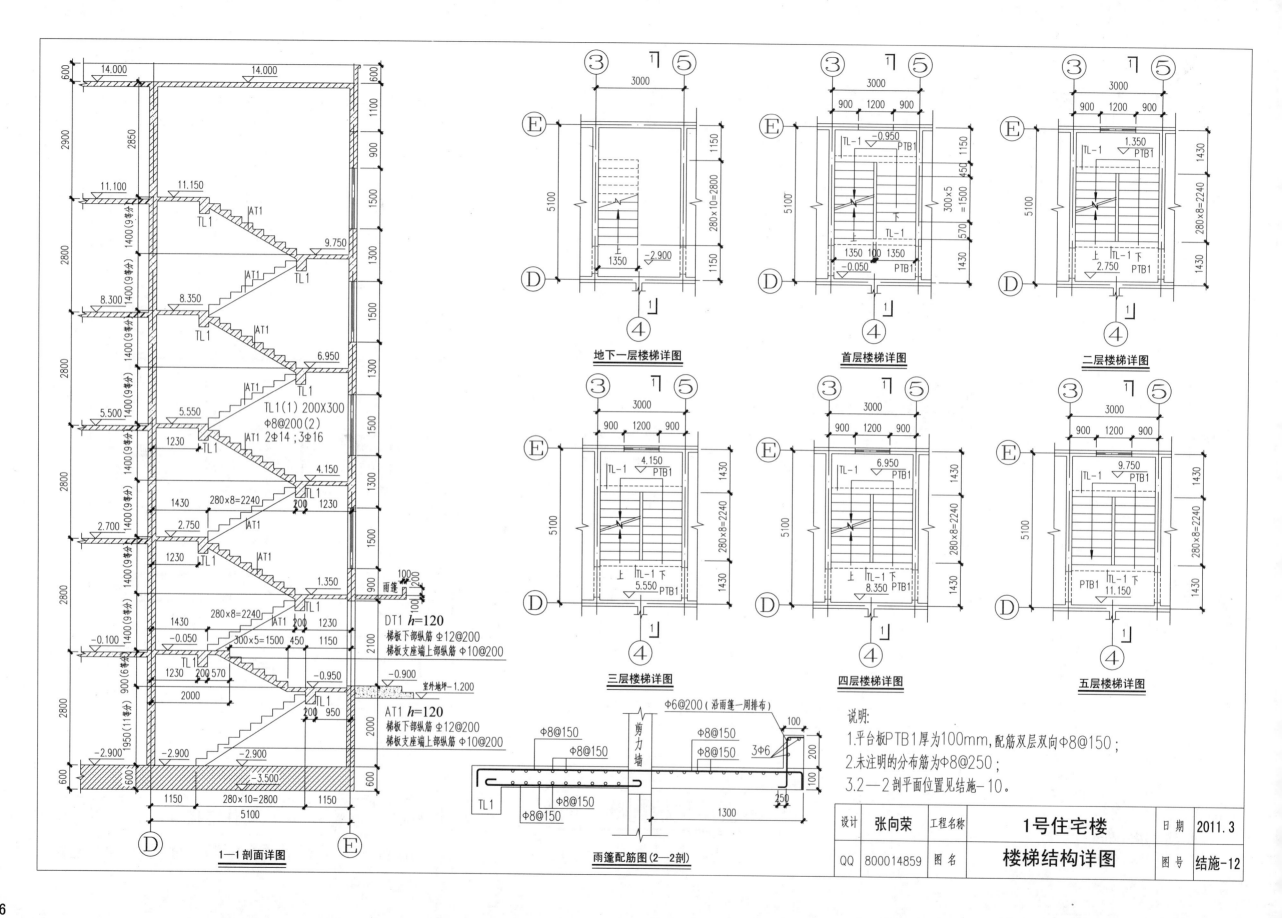

地下一层楼梯详图

首层楼梯详图

二层楼梯详图

三层楼梯详图

四层楼梯详图

五层楼梯详图

1—1剖面详图

雨篷配筋图(2—2剖)

说明:
1.平台板PTB1厚为100mm,配筋双层双向Φ8@150;
2.未注明的分布筋为Φ8@250;
3.2—2剖平面位置见结施-10。

| 设计 | 张向荣 | 工程名称 | 1号住宅楼 | 日期 | 2011.3 |
|---|---|---|---|---|---|
| QQ | 800014859 | 图名 | 楼梯结构详图 | 图号 | 结施-12 |